"十四五"职业教育国家规划教材

新能源类专业教学资源库建设配套教材

电力电子技术

第二版

- 黄冬梅　马卫民　主编
- 董爱娟　胡国武　副主编
- 戴裕崴　主审

U0222833

化学工业出版社

·北京·

内容简介

本教材以调光灯电路的设计及制作，单相桥式全控整流电路的设计及制作，单相交流调光灯电路的设计及制作，三相整流电源的设计、安装及维调，开关电源电路的设计及维调，变频器电路的设计及维调6个工程实践项目为载体，采用项目引导、任务驱动的方式组织教学内容，由浅入深地讲述了晶闸管、双向晶闸管、大功率晶体管、功率场效应晶体管、绝缘栅门极晶体管等电力电子器件的结构、工作原理及特性，单相/三相可控整流电路、交流调压电路、逆变电路、直流斩波电路的工作原理和波形分析。本教材的典型项目配有动画及微课视频，扫描二维码即可查看。部分项目设置"能量加油站"，通过拓展阅读提升学习者的职业素养。

本教材可供职业院校新能源应用类专业、电气自动化专业、应用电子类专业、机电一体化专业选用，也可供工程技术人员参考并作为培训教材。

图书在版编目（CIP）数据

电力电子技术/黄冬梅，马卫民主编. —2 版. —北京：化学工业出版社，2023.7（2024.9重印）

"十四五"职业教育国家规划教材 "十三五"职业教育国家规划教材 新能源类专业教学资源库建设配套教材

ISBN 978-7-122-40699-6

Ⅰ.①电… Ⅱ.①黄… ②马… Ⅲ.①电力电子技术-职业教育-教材 Ⅳ.①TM1

中国版本图书馆 CIP 数据核字（2022）第 022940 号

责任编辑：葛瑞祎　刘　哲　张绪瑞　　　　　　　装帧设计：韩　飞
责任校对：王　静

出版发行：化学工业出版社（北京市东城区青年湖南街 13 号　邮政编码 100011）
印　　装：三河市双峰印刷装订有限公司
787mm×1092mm　1/16　印张 12¾　字数 307 千字　2024 年 9 月北京第 2 版第 3 次印刷

购书咨询：010-64518888　　　　　　　　售后服务：010-64518899
网　　址：http://www.cip.com.cn
凡购买本书，如有缺损质量问题，本社销售中心负责调换。

定　　价：38.00 元　　　　　　　　　　　　　　版权所有　违者必究

新能源类专业教学资源库建设配套教材

建设单位名单

天津轻工职业技术学院 (牵头单位)
佛山职业技术学院 (牵头单位)
酒泉职业技术学院 (牵头单位)

(以下按照汉语拼音排列)
包头职业技术学院
常州轻工职业技术学院
哈尔滨职业技术学院
湖南电气职业技术学院
兰州职业技术学院
乐山职业技术学院
秦皇岛职业技术学院
衢州职业技术学院

新能源类专业教学资源库建设配套教材

编审委员会成员名单

主 任 委 员：戴裕崴

副主任委员：李柏青　薛仰全　李云梅

主 审 人 员：刘　靖　唐建生　冯黎成

委　　　　员（按照姓名汉语拼音排列）

陈文明　陈晓林　戴裕崴

段春艳　方占萍　冯黎成

冯　源　韩俊峰　胡昌吉

黄冬梅　李柏青　李良君

李云梅　廖东进　林　涛

刘　靖　刘秀琼　皮琳琳

唐建生　王春媚　王冬云

王技德　薛仰全　张　东

张　杰　张振伟　赵元元

序

随着传统能源日益紧缺，新能源的开发与利用得到世界各国的广泛关注，越来越多的国家采取鼓励新能源发展的政策和措施，新能源的生产规模和使用范围正在不断扩大。《京都议定书》签署后，新的温室气体减排机制将进一步促进绿色经济以及可持续发展模式的全面进行，新能源将迎来一个发展的黄金年代。

当前，随着中国的能源与环境问题日趋严重，新能源开发利用受到越来越高的关注。新能源一方面可以作为传统能源的补充，另一方面可以有效降低环境污染。我国新能源开发利用虽然起步较晚，但近年来也以年均超过 25％的速度增长。自《可再生能源法》正式生效后，政府陆续出台一系列与之配套的行政法规和规章来推动新能源的发展，中国新能源行业进入发展的快车道。

中国在新能源和可再生能源的开发利用方面已经取得显著进展，技术水平已有很大提高，产业化已初具规模。

新能源作为国家加快培育和发展的战略性新兴产业之一，国家已经出台和即将出台的一系列政策措施，将为新能源发展注入动力。随着投资光伏、风电产业的资金、企业不断增多，市场机制不断完善，"十三五"期间光伏、风电企业将加速整合，我国新能源产业发展前景乐观。

2015 年根据教育部教职成函【2015】10 号文件《关于确定职业教育专业教学资源库 2015 年度立项建设项目的通知》，天津轻工职业技术学院联合佛山职业技术学院和酒泉职业技术学院以及分布在全国的 10 大地区、20 个省市的 30 个职业院校，建设国家级新能源类专业教学资源库，得到了 24 个行业龙头、知名企业的支持，建设了 18 门专业核心课程的教育教学资源。

新能源类专业教育教学资源库开发的 18 门课程，是新能源类专业教学中应用比较广、涵盖专业知识面比较宽的课程。18 本配套教材是资源库海量颗粒化资源应用的一个方面，教材利用资源库平台，采用手机 APP 二维码调用资源库中的视频、微课等内容，充分满足学生、教师、企业人员、社会学习者时时、处处学习的需求，大量的资源库教育教学资源可以通过教材的信息化技术应用到全国新能源相关院校的教学过程，为我国职业教育教学改革做出贡献。

戴裕崴

2017 年 6 月 5 日

前 言

本教材是"十四五"职业教育国家规划教材、"十三五"职业教育国家规划教材。

本教材是校企合作双元开发的教材，对接电气自动化技术、风电系统运行与维护等专业的教学标准、职业资格标准、职业等级技能标准。本教材重新梳理内容结构，深入贯彻二十大精神与理念，落实立德树人根本任务，将思想政治教育元素融入教材内容中，注重实践育人，旨在增强学习者服务国家、服务人民的社会责任感，培养学习者勇于探索的创新精神，提升学习者善于解决问题的实践能力，使其更适应新的职业教育发展的需要。

本教材采用项目式教学，共计六个项目、十二个任务，内容深化了工学结合、校企合作、人才创新的人才培养模式改革，实现专业与行业岗位对接，教学内容与职业标准对接，教学过程与企业的运行岗位对接，学历证书与职业资格证书对接。教材中的典型案例、资源均与优利康达科技股份有限公司合作共同开发。

本教材在原有教材的基础上进行了如下修改。

1.将思想政治教育元素融入每个项目中，着力提升学习者的思考能力、价值分析和价值判断能力，部分项目设置"能量加油站"，通过拓展阅读让学习者在学习中体悟做人做事的基本道理和社会主义核心价值观，增强其责任意识和创新意识，培养其艰苦奋斗、吃苦耐劳的精神。

2.本教材为方便社会学习者使用，与新能源教学资源库、智慧树平台配合使用，配有微课、教学课件、学习指导、互动系统、习题资源等，适合学习者自学。学习者可自行注册资源库，选择"电力电子技术"课程进行学习。

3.本教材新增了数字资源，对典型项目的动画及微课视频二维码进行了更新，适时地引入 AR 技术，教师利用 AR 虚拟仿真可开展线上线下相结合的混合式教学及翻转课堂，解决了学习者对繁难知识点的理解与应用。

4.本教材新增了实践互动环节，突出对学习者电力电子技术能力的培养，实现教学内容的针对性和实用性，使岗、证、课深度融合，提高其电力电子技术应用能力。

本教材由哈尔滨职业技术学院黄冬梅任第一主编，负责确定教材的编写体例、统稿等工作，并负责编写项目一、项目二、项目五；安徽职业技术学院马卫民任第二主编，并负责编写项目四；秦皇岛职业技术学院董爱娟、酒泉职业技术学院胡国武任副主编，分别负责编写项目三和项目六；哈尔滨职业技术学院黄冬梅负责微课、互动实践的编写，哈尔滨职业技术学院张春妍、王海涛、郑翘、肖红军、于大孚及黑龙江东方学院姜斌参与了微课的录制，优利康达科技股份有限公司能源培训学院院长张军辉博士参与了部分案例的编写，哈尔滨职业技术学院王海涛、戚本志参与完成了动画及互动实践案例的编写。本教材由天津轻工职业技术学院戴裕崴任主审，提出了很多修改建议，在此表示诚挚的谢意。

由于编者的业务水平和教学经验有限，书中难免有不妥之处，恳请读者指正。

编者

目 录

项目六　　变频器电路的设计及维调 —————————175

参考文献 —————————192

项目一

调光灯电路的设计及制作

项目引领

王好强入职于××××科技股份有限公司，该公司主要生产风力发电设备及风电运维等新能源应用产品。他一上班便进行了为期两周的入职培训，培训内容为风力发电设备、逆变器等电力电子产品的应用。

项目目标

① 通过逆变器等电力电子产品的典型应用，熟练掌握电力电子产品的特性。
② 熟练掌握逆变器等电力电子产品的设计原理。
③ 熟练掌握逆变器等电力电子产品的制作及工艺。
④ 掌握中级维修电工职业资格考试有关逆变器等电力电子产品的应用。
⑤ 能按照6S标准管理规范整理现场，养成良好的职业素养，有团队协作能力并树立劳动光荣的理念。

电力电子技术
导学微课

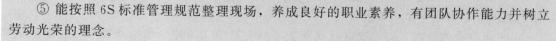**任务一** 单相半波调光灯电路的设计

【任务分析】

通过完成本任务，使学生掌握逆变器等电力电子器件的特性、工作原理、检测及其设计计算等实际应用，能够进行新能源技术项目的简单设计及预算。

【知识链接】

一、电力电子技术的相关知识

电力电子技术与信息电子技术（模拟电子技术与数字电子技术）构成电子技术的整体。

"电力"变换的变换功率既可大到数百甚至数千兆瓦，亦可小到几瓦或更小。

1. 现代电力电子器件

现代电力电子器件是指全控型的电力半导体器件。

现代电力电子器件分类如下。

① 双极型器件　这类器件的通态压降低、阻断电压高、电流容量大，适合于中、大容量的变流装置。常见的典型产品有门极可关断晶闸管（GTO）、电力晶体管（GTR）、静电感应晶闸管（SITH）。

② 单极型器件　这类器件的开关时间短，一般在几十纳秒以下，工作频率高，抗干扰能力强。常见的典型产品有电力场效应管（电力 MOSFET）和静电感应晶体管（SIT）。

③ 混合型器件　这类器件既有 GTR、GTO 及 SCR 等双极型器件电流密度高、导通压降低的特点，又具有 MOSFET 等单极型器件输入阻抗高、响应速度快的特点。常见的典型产品有肖特基注入 MOS 门极晶体管（SINFET）、绝缘门极双极晶体管（IGBT 或 IGT）、MOS 门极晶体管（MGT）、MOS 晶闸管（MCT 或 MCTH）等。

2. 变换电路与控制技术

变换电路以电力半导体器件为核心，通过不同电路及控制方法来实现电能的转换和控制。其基本功能如下所示。

① 可控整流器（AC-DC）　把交流电压转换成为固定或可调的直流电压，如直流电机的调压调速设备、电镀设备、电解设备等。

② 有源逆变器（DC-AC）　把直流电压变换成为频率固定或可调的交流电压，如直流输电、牵引机车制动时的电能回馈等设备。

③ 交流调压器（AC-AC）　把固定或变化的交流电压变换成为可调或固定的交流电压，如灯光控制、温度控制等设备。

④ 无源逆变器（AC-DC-AC）　把不固定或变化频率的交流电变换成频率可调或恒定的交流电，如变频电源、变频调速设备、UPS 不间断电源等。

⑤ 直流斩波器（DC-DC）　把固定或变化的直流电压变换成为可调或固定的直流电压，如电气机车、城市电车牵引等设备。

⑥ 无触点电力静态开关　接通或切断交流或直流电流通路，如电气机车、城市电车牵引等设备。

3. 电力半导体特点

（1）优点

① 体积小，重量轻，耐磨损，无噪声，维修方便。

② 功率增益高，控制灵活。

③ 控制动态性能好，响应快，动态时间短。

④ 效率高，节能。

（2）缺点

① 过载能力低。

② 某些工作条件下，功率因数低。

③ 对"电网"有公害。

调光灯、舞台灯在日常生活中应用最广泛，旋动调光灯的旋钮就可以调节灯泡的明暗。常用的调光方法有可变电阻调光法、调压器调光法、脉冲占空比调光法、晶闸管相控调光法、脉冲调频调光法等。晶闸管相控调光（图 1-1）是通过控制晶闸管的导通角，改变输出电压的大小实现调光。

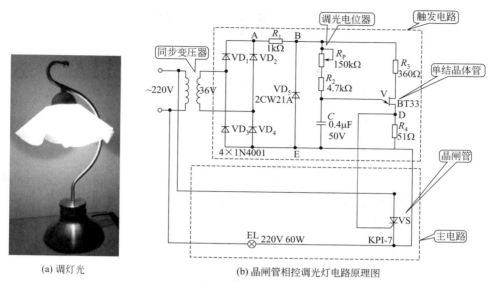

(a) 调灯光　　　　　(b) 晶闸管相控调光灯电路原理图

图 1-1　单相半波整流调光灯及其电路原理图

二、电力二极管

电力二极管与小功率二极管的结构、工作原理和伏安特性相似，属于**不可控器件**。电力二极管的开通与关断由器件所在的主电路决定，这种器件结构简单、工作可靠，广泛应用于交-直-交变频整流、大功率直流电源等电气设备中。常用电力二极管有普通二极管（又称整流二极管）、快恢复二极管和肖特基二极管，在中、高频整流和逆变以及低压高频整流场合广泛应用，如图 1-2 所示。

认识电力二极管

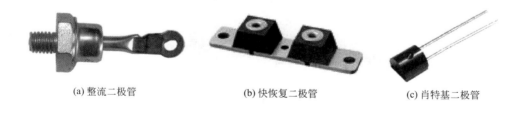

(a) 整流二极管　　　　(b) 快恢复二极管　　　　(c) 肖特基二极管

图 1-2　电力二极管

1. 电力二极管的结构

电力二极管内部有一个 **PN** 结组成的半导体元件，其结构及图形符号如图 1-3 所示，引出端分别称为阳极（**A**）、阴极（**K**），由一个面积较大的 PN 结和两端引线以及封装组成。从外形上看，大功率的主要有螺栓式和平板式两种封装，小功率的和普通二极管一致。螺栓式二极管的阳极紧拴在散热器上。平板式二极管又分为风冷式和水冷式，其阳极和阴极分别由两个彼此绝缘的散热器紧紧夹住。

|(a) 外形|(b) 结构|(c) 图形符号|

图 1-3 电力二极管的外形、结构和图形符号

2. 电力二极管的基本特性

电力二极管和图 1-1 中的二极管 4001 工作原理一样，即若二极管处于正向电压作用下，则 PN 结导通，正向管压降很小；反之，若二极管处于反向电压作用下，则 PN 结截止，仅有极小的可忽略的漏电流流过二极管。电力二极管**具有单向导电性，即承受正向电压时器件处于导通状态，电流从阳极 A 流向阴极 K，否则处于阻断状态。**

3. 电力二极管的伏安特性

特性曲线如图 1-4 所示。

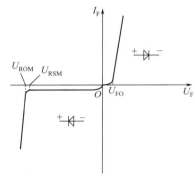

图 1-4 电力二极管的伏安特性

① 当电力二极管承受正向电压达到门槛电压 U_{FO} 时，正向电流 I_F 逐渐增加。

② 当电力二极管承受反向电压增大到反向不重复峰值电压 U_{RSM} 时，反向漏电流增大较大，当达到反向击穿电压 U_{ROM} 时，反向电流急剧增大，造成反向击穿，使得电力二极管永久性击穿损坏。

4. 主要参数

（1）正向平均电流（额定电流）I_F

在规定的环境温度为 **40℃** 和标准散热条件下，器件 **PN 结温度稳定且不超 140℃ 时，所允许长时间连续流过 50Hz 正弦半波的电流平均值，即为器件的额定电流。**

实际应用时，应留有 1.5～2 倍的安全裕量。若电力二极管所流过的最大有效电流为 I_{DM}，则额定电流选择为

$$I_F = (1.5 \sim 2) \times \frac{I_{DM}}{1.57} \tag{1-1}$$

（2）正向平均电压 U_F

在规定环境温度（**40℃**）和标准散热条件下，器件通过 **50Hz 正弦半波额定正向平均电流时，器件阳极和阴极之间的电压的平均值。取规定系列组别称为正向平均电压 U_F，通常在 0.45～1V 范围内。**

（3）反向重复峰值电压 U_{RRM}

在额定结温条件下，取元件反向伏安特性不重复峰值电压值 U_{RSM}（**图 1-4**）的 **80%** 称为反向重复峰值电压 U_{RRM}。将 U_{RRM} 值取规定的电压等级定义为该器件的额定电压。

实际应用时，以其在电路中所承受的最大峰值电压 U_{DM} 的 2～3 倍来选择反向重复峰值电压，则其额定电压一般选择为

$$U_{\text{RRM}} = (2 \sim 3) U_{\text{DM}} \tag{1-2}$$

（4）最高工作结温 T_{JM}

结温是指管芯 PN 结的平均温度，用 T_{J} 表示。最高工作结温是指在 PN 结不致损坏的前提下所能承受的最高平均温度。 T_{JM} 取值在 $125 \sim 175\,^\circ\text{C}$ 范围之内。

5. 电力二极管的主要类型

实际应用中，可根据不同场合的不同要求，选择不同类型的电力二极管。

（1）普通二极管

普通二极管又称整流二极管，多用于开关频率不高（1kHz 以下）的整流电路中。特点是反向恢复时间较长，通常在 $5\mu\text{s}$ 以上，正向电流和反向电压可达到数千安和数千伏以上。

（2）快恢复二极管

恢复过程很短，通常在 $5\mu\text{s}$ 以下的二极管被称为快恢复二极管（快速二极管）。快恢复二极管从性能上可分为快速恢复（反向恢复时间为数百纳秒或更长）和超快速恢复（100ns 以下）两个等级。

（3）肖特基二极管

以金属和半导体接触形成的势垒为基础的二极管称为肖特基势垒二极管，简称肖特基二极管。反向恢复时间很短（$10 \sim 40\text{ns}$），正向恢复过程中没有明显的电压过冲。反向耐压较低的情况下其正向压降很小，好于快恢复二极管。缺点是当承受的反向耐压提高时，其正向压降不能满足要求。常用于 200V 以下的低压场合。

6. 电力二极管的检测

将指针式万用表打到 $\text{R}\times 100$ 挡测量电力二极管的阳极 A 和阴极 K 两端的正反向电阻。

① 如图 1-5（a）所示，电力二极管的正向电阻在几十欧至几百欧。

② 如图 1-5（b）所示，电力二极管的反向电阻在几千欧至几十千欧。

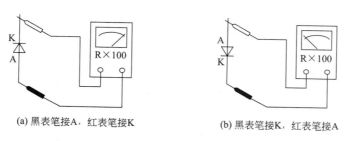

(a) 黑表笔接A，红表笔接K　　(b) 黑表笔接K，红表笔接A

图 1-5　电力二极管的检测方法

测试结论如下。

① 若正、反向电阻都为零或都为无穷大，说明电力二极管损坏。实际测试中，严禁用绝缘电阻表测试电力二极管。

② 电力二极管使用时，必须保证规定的冷却条件，如强迫风冷或水冷。如果不能满足规定的冷却条件，必须降低容量使用。如果规定风冷器件使用在自冷时，只允许用到额定电流的 1/3 左右。

③ 平板式器件的散热器一般不应自行拆装。

④ 拒绝用兆欧表检查器件的绝缘情况。若需要检查整机的耐压时，可将器件短接。

三、晶闸管结构及导通关断条件

（一）晶闸管的结构

1. 晶闸管结构

晶闸管是一种由大功率单晶硅材料制成的 **4 层 3 个 PN 结半导体材料，引出 3 个极：阳极 A、阴极 K、门极（控制极）G，**其外形、符号及管脚名称（阳极 A、阴极 K、门极 G）如图 1-6（a）～（e）所示，图 1-6（f）所示为晶闸管的图形符号。晶闸管内部结构及等效电路如图 1-7 所示。

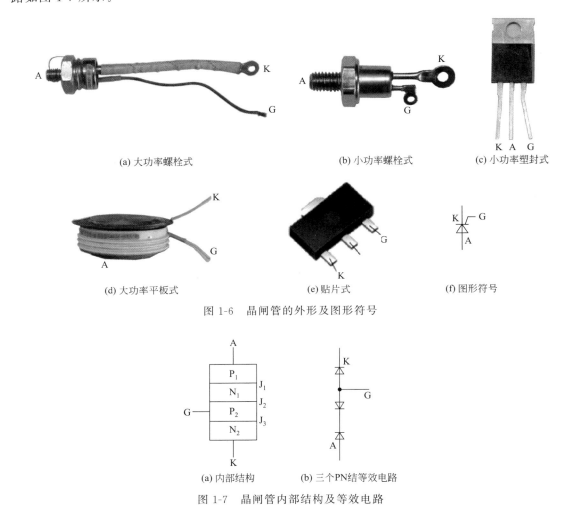

(a) 大功率螺栓式　　　　　　　　(b) 小功率螺栓式　　　　　　(c) 小功率塑封式

(d) 大功率平板式　　　　　　　　(e) 贴片式　　　　　　　　　(f) 图形符号

图 1-6　晶闸管的外形及图形符号

(a) 内部结构　　　　　　　(b) 三个PN结等效电路

图 1-7　晶闸管内部结构及等效电路

2. 晶闸管的常见封装外形

通常有螺栓式、平板式、塑封式。而螺栓式封装，通常螺栓是其阳极，能与散热器紧密连接且安装方便；平板式封装的晶闸管可由两个散热器将其夹在中间。

3. 晶闸管的管耗和散热

$$管耗＝流过器件的电流×器件两端的电压$$

　　管耗将产生热量，使管芯温度升高，如果超过允许值，将损坏器件，所以必须进行散热和冷却。

　　冷却方式：自然冷却（散热片）、风冷（风扇）、水冷。

4. 晶闸管的工作原理

（1）内部结构

　　由 $P_1N_1P_2$ 和 $N_1P_2N_2$ 构成的两个晶体管 VT_1、VT_2 组合而成，如图 1-8（a）所示。

（2）工作原理

　　晶闸管的工作原理如图 1-8（b）所示。

　　① 当晶闸管加正向阳极电压，门极也加上足够的门极电压时，则有电流 I_G 从门极流入 NPN 管的基极，即 I_{B2}。

　　② I_{B2} 经 NPN 管放大后的集电极电流 I_{C2} 流入 PNP 即管的基极，再经 PNP 管放大。

　　③ PNP 的集电极电流 I_{C1} 又流入 NPN 管的基极，如此循环，产生强烈的增强式正反馈过程。

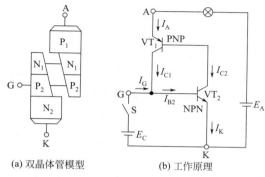

(a) 双晶体管模型　　　(b) 工作原理

图 1-8　晶闸管模型及工作原理

　　④ 两个晶体管很快饱和导通，从而使晶闸管由阻断迅速地变为导通。

　　⑤ 晶闸管一旦导通，即使 $I_G=0$，但因 I_{C1} 的电流在内部直接流入 NPN 管的基极，晶闸管仍将继续保持导通状态。

　　⑥ 若要晶闸管关断，只有降低阳极电压到零或对晶闸管加上反向阳极电压，使 I_{C1} 的电流减少至 NPN 管接近截止状态，即流过晶闸管的阳极电流小于维持电流，晶闸管才可恢复阻断状态。

（二）晶闸管的阳极伏安特性

晶闸管的阳极与阴极间的电压和阳极电流之间的关系，称为阳极伏安特性。 其伏安特性曲线如图 1-9 所示。

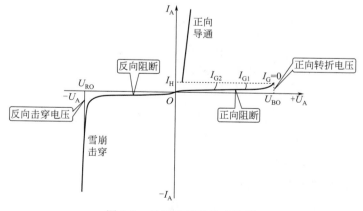

图 1-9　晶闸管阳极伏安特性

（1）正向特性

特性在第 I 象限，当 $I_G=0$ 时，如果在晶闸管两端所加正向电压 U_A 没有增到正向转折

电压 U_{BO}，晶闸管都处于正向阻断状态，只有很小的正向漏电流。

（2）正向转折

当 U_A 增到 U_{BO} 时，漏电流急剧增大，晶闸管导通，正向电压降低，特性和二极管的正向伏安特性相仿，称为正向转折或"硬开通"。

（3）使用时应注意的问题

多次"硬开通"会损坏管子，晶闸管通常不允许这样工作。一般采用对晶闸管的门极加足够大的触发电流的方法使其导通，门极触发电流越大，正向转折电压越低。

（4）反向特性

晶闸管的反向伏安特性如图 1-9 中第 Ⅲ 象限所示，它与整流二极管的反向伏安特性相似。处于反向阻断状态时，只有很小的反向漏电流，当反向电压超过反向击穿电压 U_{RO} 时，反向漏电流急剧增大，造成晶闸管反向击穿而损坏。

（三）晶闸管导通关断条件

晶闸管在工作过程中，其阳极（A）和阴极（K）与电源和负载连接，组成晶闸管的主电路，晶闸管的门极 G 和阴极 K 与控制晶闸管的控制电路连接，如图 1-10 所示。

（1）控制电路工作过程

① 晶闸管承受正向电压，S 断开，灯不亮，如图 1-10（a）所示。

② 晶闸管承受正向电压，S 闭合，灯亮，如图 1-10（b）所示。

③ 晶闸管承受反向电压，S 断开，灯亮，如图 1-10（c）所示。

④ 晶闸管承受反向电压，S 闭合，灯不亮，如图 1-10（d）所示。

（2）控制电路结论

① 晶闸管的导通条件是：阳极加正向电压，门极加适当正向电压。

② 关断条件是：流过晶闸管阳极的电流小于维持电流。

③ 晶闸管一旦导通后维持阳极电压不变，将触发电压撤出，晶闸管依然导通，**即门极对晶闸管不再具有控制作用。**

晶闸管结构及
导通条件

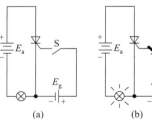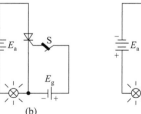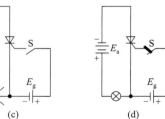

图 1-10　晶闸管导通试验电路图

（四）晶闸管主要参数

正确地选择和使用晶闸管主要包括两个方面：一方面要根据实际情况确定所需晶闸管的额定值；另一方面根据额定值确定晶闸管的型号。

1. 晶闸管的电压

（1）正向重复峰值电压 U_{DRM}

如图 1-9 所示的晶闸管的阳极伏安特性中，当门极断开，晶闸管处在额定结温时，允许重复加在管子上的正向峰值电压为晶闸管的正向重复峰值电压，用 U_{DRM} 表示。

（2）反向重复峰值电压 U_{RRM}

与 U_{DRM} 相似，当门极断开，晶闸管处在额定结温时，允许重复加在管子上的反向峰值电压为反向重复峰值电压，用 U_{RRM} 表示。

（3）额定电压 U_{TN}

将 U_{DRM} 和 U_{RRM} 中的较小值按百位取整后作为该晶闸管的额定值。在晶闸管的铭牌上，额定电压是以电压等级的形式给出的，通常标准电压等级规定为：电压在 1000V 以下，每 100V 为一级；1000～3000V，每 200V 为一级，用百位数或千位和百位数表示级数。电压等级如表 1-1 所示。

表 1-1　晶闸管标准电压等级

级别	正反向重复峰值电压/V	级别	正反向重复峰值电压/V	级别	正反向重复峰值电压/V
1	100	8	800	20	2000
2	200	9	900	22	2200
3	300	10	1000	24	2400
4	400	12	1200	26	2600
5	500	14	1400	28	2800
6	600	16	1600	30	3000
7	700	18	1800		

在使用过程中，环境温度、散热条件以及出现的各种过电压都会对晶闸管产生影响，因此在选择管子的时候，应当使晶闸管的额定电压是实际工作时可能承受的最大电压的 2～3 倍，即

$$U_{TN}=(2\sim3)U_{TM} \tag{1-3}$$

（4）通态平均电压 $U_{T(AV)}$

在规定环境温度、标准散热条件下，元件以额定电流工作时，阳极和阴极间电压降的平均值，称通态平均电压（一般称管压降），其数值如表 1-2 所示。从减小损耗和元件发热来看，应选择 $U_{T(AV)}$ 较小的管子。

表 1-2　晶闸管通态平均电压组别

组别	A	B	C	D	E
通态平均电压/V	$U_{T(AV)}\leqslant0.4$	$0.4<U_{T(AV)}\leqslant0.5$	$0.5<U_{T(AV)}\leqslant0.6$	$0.6<U_{T(AV)}\leqslant0.7$	$0.7<U_{T(AV)}\leqslant0.8$
组别	F	G	H	I	
通态平均电压/V	$0.8<U_{T(AV)}\leqslant0.9$	$0.9<U_{T(AV)}\leqslant1.0$	$1.0<U_{T(AV)}\leqslant1.1$	$1.1<U_{T(AV)}\leqslant1.2$	

2. 晶闸管的电流

（1）额定电流 $I_{T(AV)}$

晶闸管的额定电流又称为额定通态平均电流。晶闸管额定电流的标定与其他电气设备不同，采用的是平均电流，而不是有效值。

由于决定晶闸管结温的是管子损耗的发热效应，因此，表征热效应的电流是以有效值表示的，两者的关系为

$$I_{TN}=1.57I_{T(AV)} \tag{1-4}$$

如额定电流为 100A 的晶闸管，其允许通过的电流有效值为 157A。

实际选择晶闸管额定电流时，要依据实际波形的电流有效值等于按照规定流过工频正弦半波电流时的电流有效值的原则（即管芯温升结温一样）进行换算，即

$$I_{T(AV)} = \frac{I_{TN}}{1.57} \tag{1-5}$$

由于晶闸管的过载能力差，一般在选用时取（1.5～2）的安全裕量系数，即

$$I_{T(AV)} = (1.5 \sim 2) I_{TN}/1.57 \tag{1-6}$$

（2）维持电流 I_H

在室温下门极断开时，维持晶闸管继续导通的最小电流称为维持电流 I_H。

应用时晶闸管的维持电流与元件容量、结温等因素有关，额定电流大的管子维持电流也大，同一管子结温低时维持电流增大，维持电流大的管子容易关断。同一型号的管子，其维持电流也各不相同。通常，在晶闸管的铭牌上标注的是常温下的维持电流的实测值。

（3）擎住电流 I_L

给晶闸管加上触发电压，当晶闸管器件从阻断状态刚转为导通状态就断开触发电压，此时要保持元件持续导通所需要的最小阳极电流称为擎住电流 I_L。对同一个晶闸管来说，$I_L = (2 \sim 4) I_H$。

（4）浪涌电流 I_{TSM}

I_{TSM} 是一种由于电路异常情况引起的并使结温超过额定结温的不重复性最大正向过载电流。浪涌电流有上下两个级，可以用它来设计保护电路。

（5）门极触发电流 I_{GT} 和门极触发电压 U_{GT}

室温下，给晶闸管的阳极-阴极加上 6V 的正向阳极电压，晶闸管由断态转为通态所需的最小门极电流，称为门极触发电流。产生门极触发电流所必需的最小阳极电压，称为门极触发电压。

实际应用时，为确保晶闸管的可靠触发导通，采用实际触发电流比规定的触发电流大 3～5 倍且前沿陡峭的强触发脉冲。

（6）门极不触发电压 U_{GD} 和门极不触发电流 I_{GD}

不能使晶闸管从断态转入通态的最大门极电压称为门极不触发电压 U_{GD}，相应的最大电流称为门极不触发电流 I_{GD}。

实际应用时若小于该数值时，处于阻断状态的晶闸管不可能被触发导通。

（7）门极正向峰值电压 U_{GM}、门极正向峰值电流 I_{GM} 和门极峰值功率 P_{GM}

在晶闸管触发过程中，不致造成门极损坏的最大门极电压、最大门极电流和最大瞬时功率分别称为门极正向峰值电压 U_{GM}、门极正向峰值电流 I_{GM} 和门极峰值功率 P_{GM}。使用时晶闸管的门极触发脉冲不应超过以上数值。

（8）断态电压临界上升率 du/dt

du/dt 是在额定结温和门极开路的情况下，不导致从断态到通态转换的最大阳极电压上升率。

应用时，若 du/dt 过大，即充电电流过大，会造成晶闸管的误导通。所以在使用时，应采取保护措施，使它不超过规定值。

（9）临界上升率 $\mathrm{d}i/\mathrm{d}t$

$\mathrm{d}i/\mathrm{d}t$ 是在规定条件下，晶闸管能承受且无有害影响的最大通态电流上升率。

如果阳极电流上升太快，则晶闸管刚一开通时，会有很大的电流集中在门极附近的小区域内，造成 J_2 结［参见图1-7（a）］局部过热而使晶闸管损坏。因此，在实际应用时要采取保护措施，使其被限制在允许值内。

（10）晶闸管的型号

能量加油站

拓展阅读1

确定晶闸管的型号

【例1-1】　根据图1-1（b）调光灯电路中的参数，确定晶闸管的型号。

提示： 该电路中，调光灯两端电压最大值为 $0.45U_2$，其中 U_2 为电源电压。

解：（1）单相半波可控整流调光电路晶闸管可能承受的最大电压

$$U_{\mathrm{TM}}=\sqrt{2}\,U_2=\sqrt{2}\times220\approx311(\mathrm{V})$$

（2）考虑2～3倍的裕量

$$(2\sim3)U_{\mathrm{TM}}=(2\sim3)\times311=622\sim933(\mathrm{V})$$

（3）确定所需晶闸管的额定电压等级

由于电路无储能元器件，因此选择电压等级为7的晶闸管就可以满足正常工作的需要。

（4）根据白炽灯的额定值计算出其阻值的大小

$$R_{\mathrm{d}}=\frac{220^2}{60}\approx807(\Omega)$$

（5）确定流过晶闸管电流的有效值

在单相半波可控整流调光电路中，当 $\alpha=0°$ 时，流过晶闸管的电流最大，且电流的有效值是平均值的1.57倍。可以得到流过晶闸管的平均电流为

$$I_{\mathrm{d}}=0.45\frac{U_2}{R_{\mathrm{d}}}=0.45\times\frac{220}{807}\approx0.12(\mathrm{A})$$

当 $\alpha=0°$ 时，流过晶闸管的电流最大有效值为

$$I_{\mathrm{TM}}=1.57I_{\mathrm{d}}=1.57\times0.12=0.188(\mathrm{A})$$

（6）考虑1.5～2倍的裕量

$$(1.5\sim2)I_{\mathrm{TM}}=(1.5\sim2)\times0.188\approx0.282\sim0.376(\mathrm{A})$$

（7）确定晶闸管的额定电流 $I_{\mathrm{T(AV)}}$

$$I_{\mathrm{T(AV)}}\geqslant0.376\mathrm{A}$$

由于本电路无储能元器件，故选用额定电流为1A的晶闸管就可以满足正常工作的需要。

由以上分析可以确定晶闸管应选用的型号为KP1-7。

【例 1-2】 一晶闸管接在 220V 交流回路中，通过器件的电流有效值为 100A，试选用晶闸管。

解：（1）晶闸管额定电压

$$U_{TN} = (2 \sim 3)U_{TM} = (2 \sim 3) \times \sqrt{2} \times 220 \approx 622 \sim 933(V)$$

按晶闸管参数系列取 800V，即 8 级。

（2）晶闸管的额定电流

$$I_{T(AV)} = (1.5 \sim 2) \times \frac{I_{TN}}{1.57} = (1.5 \sim 2) \times \frac{100}{1.57} \approx 95 \sim 127(A)$$

按晶闸管参数系列取 100A，所以选取晶闸管型号为 KP100-8E。

（五）普通晶闸管测试方法

（1）阳极和阴极间正反向电阻测量

① 万用表挡位置于欧姆挡 R×100，将红表笔接在晶闸管的阳极 A，黑表笔接在晶闸管的阴极 K，观察指针摆动情况，如图 1-11（a）所示。

② 将黑表笔接晶闸管的阳极 A，红表笔接晶闸管的阴极 K，观察指针摆动情况，如图 1-11（b）所示。

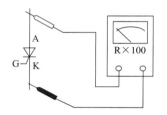 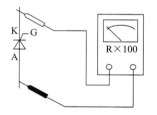

(a)红表笔接阳极，黑表笔接阴极　　　　(b)红表笔接阴极，黑表笔接阳极

图 1-11　阳极和阴极间正反向电阻测量

结果：正反向阻值均很大。

原因：晶闸管是 4 层 3 端半导体器件，在阳极和阴极之间有 3 个 PN 结，无论加何种电压，总有 1 个 PN 结处于反向阻断状态，因此正反向阻值均很大。

（2）门极和阴极间正反向电阻测量

① 将红表笔接晶闸管的门极 G，黑表笔接晶闸管的阴极 K，观察指针摆动情况，如图 1-12（a）所示。

② 将黑表笔接晶闸管的门极 G，红表笔接晶闸管的阴极 K，观察指针摆动情况，如图 1-12（b）所示。

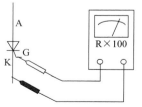 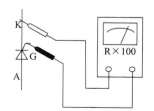

(a)红表笔接门极，黑表笔接阴极　　　　(b)红表笔接阴极，黑表笔接门极

图 1-12　门极和阴极间正反向电阻测量

理论结果：当黑表笔接门极，红表笔接阴极时，阻值很小；当红表笔接门极，黑表笔接阴极时，阻值较大。

实测结果：两次测量的阻值均不大。

原因：在晶闸管内部门极与阴极之间反并联了 1 个二极管，对加到门极与阴极之间的反向电压进行限幅，防止晶闸管控制极与阴极之间的 PN 结反向击穿。

四、单结晶体管及其电路的调试

（一）对晶闸管触发电路的要求

（1）触发信号应有足够的功率（电压与电流）

晶闸管是电流控制型器件，门极必须注入足够的电流才能触发导通。触发电路提供的触发电压与电流必须大于产品参数提供的门极触发电压与触发电流值，但不得超过规定的门极最大允许峰值电压与峰值电流。

（2）对触发信号的波形要求

脉冲应有一定宽度以保证在触发期间阳极电流能达到擎住电流而维持导通，触发脉冲的前沿尽可能陡。为了快速而可靠地触发大功率晶闸管，常在脉冲的前沿叠加一个强触发脉冲，如图 1-13 所示。

（3）触发脉冲的同步及移相范围

为使晶闸管在每个周期都在相同的控制角 α 触发导通，要求触发脉冲的频率与阳极电压的频率一致，且触发脉冲的前沿与阳极电压应保持固定的相位关系，

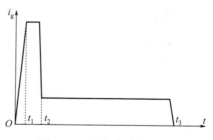

图 1-13　触发信号的波形

这叫作触发脉冲与阳极电压同步。不同的电路或者相同的电路在不同负载、不同用途时，要求 α 的变化范围（移相范围）亦即触发脉冲前沿与阳极电压的相位变化范围不同，所用触发电路的脉冲移相范围必须能满足实际的需要。

（4）防止干扰与误触发

晶闸管的误导通往往是由于干扰信号进入门极电路而引起，因此需要对触发电路进行屏蔽、隔离等抗干扰措施。

（二）单结晶体管的结构、伏安特性曲线及主要参数

（1）单结晶体管的结构

单结晶体管的结构如图 1-14（a）所示，图中 e 为发射极，b_1 为第一基极，b_2 为第二基极。

单结晶体管的结构

如图 1-14（a）所示，在一块高电阻率的 N 型硅片上引出两个基极 b_1 和 b_2，两个基极之间的电阻就是硅片本身的电阻，通常为 2～12kΩ。在两个基极之间靠近 b_1 的地方利用扩散法掺入 P 型杂质并引出电极，称为发射极 e。它是一种特殊的半导体器件，有三个电极，只有一个 PN 结，因此称为"单结晶体管"，又因为管子有两个基极，又称为"双极二极管"。

单结晶体管的等效电路如图 1-14（b）所示，两个基极之间的电阻 $r_{bb}=r_{b1}+r_{b2}$，在正常工作时，r_{b1} 是随发射极电流大小而变化的，相当于一个可变电阻。PN 结可等效为二极管 VD，它的正向导通压降常为 0.7V。单结晶体管的图形符号如图 1-14（c）所示。触发电

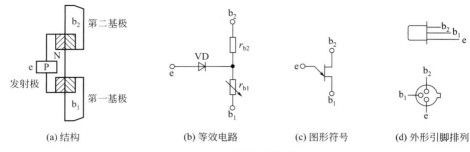

(a) 结构　　　　　(b) 等效电路　　(c) 图形符号　　(d) 外形引脚排列

图 1-14　单结晶体管

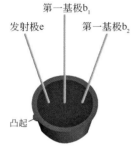

图 1-15　单结晶体管
实物及引脚

路常用的国产单结晶体管的型号主要有 BT31、BT33、BT35，其外形与引脚排列如图 1-14（d）所示，其实物、引脚如图 1-15 所示。

（2）伏安特性曲线

当两个基极 b_1 和 b_2 间加某一固定直流电压 U_{BB} 时，发射极电流 I_E 与发射极正向电压 U_E 之间的关系曲线，称为单结晶体管的伏安特性 $I_E = f(U_E)$，实验电路及特性如图 1-16 所示。

当开关 S 打开，I_{BB} 为 0，加发射极电压 U_E 时，得如图 1-16（b）中①所示伏安特性曲线，其曲线与二极管伏安特性曲线相似。

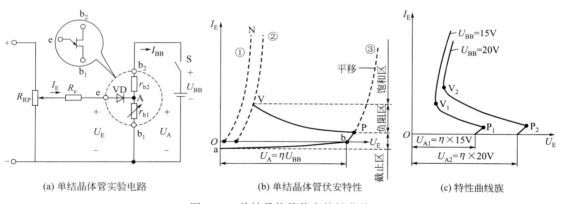

(a) 单结晶体管实验电路　　　(b) 单结晶体管伏安特性　　　(c) 特性曲线族

图 1-16　单结晶体管伏安特性曲线

① 截止区 aP 段　当开关 S 闭合，电压 U_{BB} 通过单结晶体管等效电路中的 r_{b1} 和 r_{b2} 分压，得 A 点相应电压 U_A，表示为

$$U_A = \frac{r_{b1} U_{BB}}{r_{b1} + r_{b2}} = \eta U_{BB} \tag{1-7}$$

式中，η 为分压比，由内部结构决定，η 通常为 0.3～0.9。

当 U_E 从零逐渐增加，但 $U_E < U_A$ 时，单结晶体管的 PN 结反向偏置，只有很小的反向漏电流。当 U_E 增加到与 U_A 相等时，$I_E = 0$，即如图 1-16（b）所示特性曲线与横坐标交点 b 处。进一步增加 U_E，PN 结开始正偏，出现正向漏电流，直到发射结电位 U_E 增加到高出 ηU_{BB} 一个 PN 结正向压降 U_D 时，即 $U_E = U_P = \eta U_{BB} + U_D$ 时，等效二极管 VD 才导通，此时单结晶体管由截止状态进入到导通状态，并将该转折点称为峰点 P。P 点所对应的电流称为峰点电流 I_P，对应的电压称为峰点电压 U_P。

② 负阻区 PV 段　当 $U_E>U_P$ 时，等效二极管 VD 导通，I_E 增大，这时大量的空穴载流子从发射极进入 A 点 b_1 的硅片，使 r_{b1} 迅速减小，导致 U_A 下降，U_E 也下降。U_A 的下降，使 PN 结承受更大的正偏，引起更多的空穴载流子注入到硅片中，使 r_{b1} 变小，形成更大的发射极电流 I_E，这是一个强烈的增强式正反馈过程。当增大 I_E 到一定程度，硅片中载流子的浓度趋于饱和，r_{b1} 已减小至最小值，A 点的分压 U_A 最小，因而 U_E 也最小，得曲线上的 V 点，该点为谷点，谷点所对应的电压和电流称为谷点电压 U_V 和谷点电流 I_V。这一区间称为特性曲线的负阻区，也就是单结晶体管所持有的负阻特性。

③ 饱和区 VN 段　当硅片中载流子饱和后，欲使 I_E 继续增大，导致 U_E 必增大，单结晶体管处于饱和导通状态。如果改变 U_{BB}，器件等效电路中的 U_A 和特性曲线中 U_P 也随之改变，可获得一族单结晶体管伏安特性曲线，如图 1-16（c）所示。

（3）单结晶体管的主要参数

单结晶体管的主要参数有基极电阻 R_{BB}、分压比 η、峰点电流 I_p、谷点电压 U_V、谷点电流 I_V 及耗散功率 P_{max} 等。国产单结晶体管的型号主要有 BT31、BT33、BT35 等，主要参数如表 1-3 所示。

表 1-3　单结晶体管的主要参数

参数名称		分压比 η	基极电阻 $R_{BB}/\text{k}\Omega$	峰点电流 $I_p/\mu A$	谷点电流 I_v/mA	谷点电压 U_V/V	饱和电压 U_{ES}/V	最大反压 U_{b2emax}/V	发射极反向漏电流 $I_{e0}/\mu A$	耗散功率 P_{max}/mW
测试条件		$U_{BB}=20V$	$U_{BB}=3V$ $I_E=0$	$U_{BB}=0$	$U_{BB}=0$	$U_{BB}=0$	$U_{BB}=0$ $I_E=I_{Emax}$	—	U_{b2e} 为最大值	—
BT31	A	0.45~0.9	2~4.5	<4	>1.5	<3.5	<4	≥30	<2	300
	B							≥60		
BT33	C	0.3~0.9	>4.5~12			<4	<4.5	≥30		
	D							≥60		
BT35	A	0.45~0.9	2~4.5	<4	>1.5	<3.5	<4	≥30	<2	500
	B					>3.5		≥60		
	C	0.3~0.9	>4.5~12			>4	<4.5	≥30		
	D							≥60		

（三）单结晶体管自激振荡电路

（1）单结晶体管自激振荡电路

利用单结晶体管的负阻特性和 RC 电路的充放电特性，可以组成单结晶体管自激振荡电路，如图 1-17 所示。

① 假设电容器初始电压为零，电路接通以后，单结晶体管是截止的，电源经电阻 R_2、R_P 对电容 C 进行充电，电容电压从零起按指数充电规律上升，充电时间常数为 $R_E C$。

② 当电容两端电压达到单结晶体管的峰点电压 U_P 时，单结晶体管导通，电容开始放电。由于放电回路的电阻很小，因此放电很快，放电电流在电阻 R_4 上产生了尖脉冲。

③ 随着电容放电，电容电压降低，当电容电压降到谷点电压 U_V 以下，单结晶体管截止。

④ 接着电源又重新对电容进行充电，后再放电，在电容 C 两端会产生一个锯齿波，在

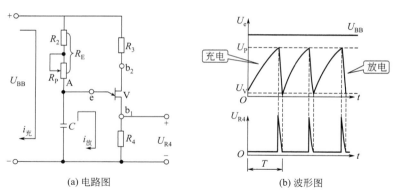

(a) 电路图   (b) 波形图

图 1-17　单结晶体管自激振荡电路

电阻 R_4 两端将产生一个尖脉冲波，如图 1-17（b）所示。

（2）电路器件的选用

① R_E 的选择　R_E 数值不宜过大或过小，否则电路不能产生振荡。

R_E 过大，充电电流在电阻上产生的压降太大，电容 C 上的充电电压达不到峰点电压 U_P，单结晶体管不能进入负阻区，管子处于截止状态，电路无法振荡。

R_E 过小，单结晶体管导通后的 I_E 将一直大于 I_V，单结晶体管不能关断。

电路振荡 R_E 的取值范围：

$$\frac{U_{BB}-U_V}{I_V}<R_E<\frac{U_{BB}-U_P}{I_P} \tag{1-8}$$

式中，U_{BB} 为触发电路电源电压；U_V 为单结晶体管的谷点电压；I_V 为单结晶体管的谷点电流；U_P 为单结晶体管的峰点电压；I_P 为单结晶体管的峰点电流。

② 电阻 R_3 的选择　电阻 R_3 是用来补偿温度对峰点电压 U_P 的影响，通常取值范围为 $200\sim600\Omega$。

③ 输出电阻 R_4 的选择　输出电阻 R_4 的大小将影响输出脉冲的宽度与幅值，通常取值范围为 $50\sim100\Omega$。

④ 电容 C 的选择　电容 C 的大小与脉冲宽窄和 R_E 的大小有关，通常取值范围为 $0.1\sim1\mu F$。

（四）单结晶体管触发电路

在整流电路中，应设法使触发电路与主电路能够通过一定方式联系，使其步调一致。实际应用时不能直接用作晶闸管的触发电路，需考虑触发脉冲与主电路同步的问题。具体单结晶体管触发电路如图 1-18 所示。

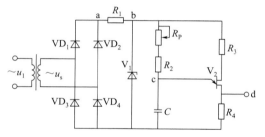

图 1-18　单结晶体管触发电路

（1）同步电路

图 1-18 中"a"点波形是与主电路同一电源的同步变压器二次侧电压波形，即单相桥式整流后脉动电压的波形，如图 1-19 所示。

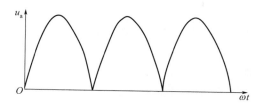

图 1-19　单相桥式整流后脉动电压波形

（2）稳压管削波电路

图 1-18 中"b"点波形是整流后的脉动波形经稳压管削波而得到的梯形波。削波的目的在于可增大移相范围，同时还能使输出的触发脉冲的幅度基本一样。输出的梯形电压波形如图 1-20 所示。

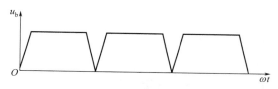

图 1-20　稳压管削波后梯形电压波形

（3）锯齿波电路

图 1-18 中"c"点波形是电容两端充放电波形，如图 1-21 所示。由于电容每半个周期在电源电压过零点从零开始充电，当电容两端的电压上升到单结晶体管的峰点电压 U_P 时，单结晶体管导通，触发电路送出脉冲。电容容量 C 和充电电阻 R_E 大小决定了电容两端的电压从零上升到单结晶体管峰点电压的时间，也就是调节电位器 R_P 大小可改变充放电时间常数。

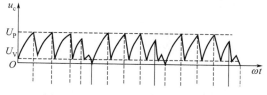

图 1-21　电容充放电形成的锯齿波

（4）脉冲输出

图 1-18 中"d"点波形是输出脉冲的波形，如图 1-22 所示。由单结晶体管组成的触发电路，电容充电的速度越快，两端所形成的锯齿波就越密，送出的第一个触发脉冲的时间就越早，即移相角就越小。反之亦然，移相角变大。

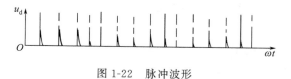

图 1-22　脉冲波形

单结晶体管触发电路，具有电路简单、调试方便、脉冲前沿陡以及抗干扰能力强等优点，但存在着脉冲较窄、触发功率小以及移相范围小等缺点。该电路多用于 50A 以下晶闸管中、小容量单相可控整流电路。

（5）控制角 α 的确定方法

① 调节示波器垂直控制区的"SCAL"和水平控制区的"SCAL"，使示波器波形显示窗口显示的波形便于观察。

② 根据波形的一个周期 360° 对应网格数，估算触发波形的控制角。如图 1-23 所示，这个波形对应的是控制角为 45° 的波形。注意第一个高度点即为触发角，而其后面的尖脉冲在一个脉冲周期内对晶闸管触发没有作用。

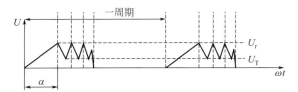

图 1-23　确定控制角的方法

（五）单结晶体管的测试

1. 单结晶体管的电极判定

在实际使用时，用指针式万用表来测试管子的 3 个电极。

（1）测量 e-b_1 和 e-b_2 间反向电阻

① 万用表置于电阻挡，将万用表红表笔接 e 端，黑表笔接 b_1 端，测量 e-b_1 两端的电阻，如图 1-24 所示。

② 将万用表黑表笔接 b_2 端，红表笔接 e 端，测量 b_2-e 两端的电阻，如图 1-25 所示。

测试结果：两次测量的电阻值均较大（通常在几十千欧）。

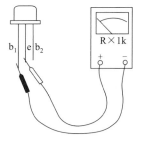

图 1-24　测量 e-b_1 间反向电阻

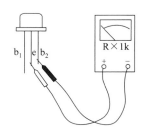

图 1-25　测量 e-b_2 间反向电阻

（2）测量 e-b_1 和 e-b_2 间正向电阻

① 将万用表黑表笔接 e 端，红表笔接 b_1 端，再次测量 b_1-e 两端电阻，如图 1-26 所示。

② 将万用表黑表笔接 e 端，红表笔接 b_2 端，再次测量 b_2-e 两端电阻，如图 1-27 所示。

测试结果：两次测量的电阻值均较小（通常在几千欧），且 $R_{b1} > R_{b2}$。

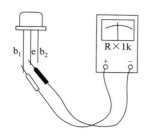
图 1-26　测量 e-b_1 间正向电阻

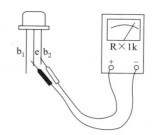
图 1-27　测量 e-b_2 间正向电阻

（3）测量 b_1-b_2 间正反向电阻

① 将万用表红表笔接 b_1 端，黑表笔接 b_2 端，测量 b_2-b_1 两端的电阻，如图 1-28 所示。

② 将万用表黑表笔接 b_1 端，红表笔接 b_2 端，再次测量 b_1-b_2 两端的电阻，如图 1-29 所示。

测试结果：b_1-b_2 间的电阻 R_{BB} 为固定值。

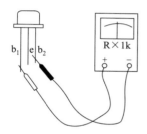
图 1-28　测量 b_2-b_1 两端的电阻

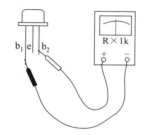
图 1-29　测量 b_1-b_2 两端的电阻

2. 单结晶体管特性的测试

实践中，可以通过测量管子极间电阻或负阻特性的方法来判定它的好坏。

（1）测量 PN 结正反向电阻

将指针式万用表置于 R×100 挡或 R×1k 挡，黑表笔接 e，红表笔分别接 b_1 或 b_2，测得管子 PN 结的正向电阻应为几千欧至几十千欧，要比普通二极管的正向电阻稍大。再将红黑表笔对调，红表笔接 e，黑表笔分别接 b_1 或 b_2，测得 PN 结的反向电阻，正常时指针偏向无穷大（∞）。一般讲，反向电阻与正向电阻的比值应大于 100 为好。

单结晶体管触发电路

（2）测量基极电阻 R_{BB}

将指针式万用表的红、黑表笔分别任意接基极 b_1 和 b_2，测量 b_1-b_2 间的电阻应在 2～12kΩ 之间，如图 1-29 所示。

（3）测量负阻特性

单结晶体管负阻特性的测试如图 1-30 所示，在管子的基极 b_1、b_2 之间外接 10V 直流电源，将万用表置于 R×100 挡或 R×1k 挡，红表笔接 b_1，黑表笔接 e，由于接通了仪表内部电池，相当于在 e-b_1 之间加上 1.5V 正向电压。由于管子的输入电压

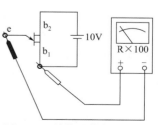
图 1-30　单结晶体管负阻特性的测试

（1.5V）远低于峰点电压 U_P，管子处于截止状态，且远离负阻区，所以发射极电流 I_E 很小，万用表指针应偏向左侧，说明管子具有负阻特性。如果指针偏向右侧，即 I_E 相当大，与普通二极管伏安特性类似，则说明被测管子无负阻特性，表明该管子不能使用。

【任务实施】

根据任务调试晶闸管的导通与关断电路和单结晶体管触发电路。

一、任务说明

（一）晶闸管的导通与关断电路

1. 所需仪器设备

① DJDK-1 型电力电子技术及电机控制实验装置（含 DJK01 电源控制屏、DJK06 给定及实验器件、DJK07 新器件特性实验、DJK09 单相调压与可调负载）1 套。

② 导线若干。

2. 测试前准备

① 按晶闸管导通关断条件测试电路接线图，如图 1-31 所示。

② 清点相关材料、仪器和设备。

③ 填写任务单测试前准备部分。

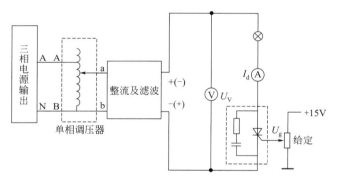

图 1-31　晶闸管导通与关断条件测试图

3. 操作步骤及注意事项

（1）通电前

① 按照接线图接线，将晶闸管阳极电压接反向电压，即晶闸管阳极接整流滤波"—"，阴极接整流滤波"＋"，在任务单测试前准备相应处记录。

② DJK06 上的给定电位器 RP，沿逆时针旋到底，S_2 拨到"接地"侧，单相调压器逆时针调到底，在任务单测试前准备相应处记录。

③ 将 DJK01 的电源钥匙拧向开，按启动按钮。将单相调压器输出由小到大缓慢增加，监视电压表的读数，使整流输出 $U_o=40V$，停止调节单相调压器。

④ 打开 DJK06 的电源开关，按下控制屏上的"启动"按钮，调节给定电位器 RP_1，使门极电压约为 5V。

（2）导通条件测试

① 晶闸管阳极接反向电压，门极接反向电压（给定 S_1 拨到"负给定"，S_2 拨到"给定"），观察灯泡是否亮。

② 晶闸管阳极接反向电压，门极电压为零（S₂ 拨到"零"），观察灯泡是否亮。

③ 晶闸管阳极接反向电压，门极接正向电压（给定 S₁ 拨到"负给定"，S₂ 拨到"给定"），观察灯泡是否亮。

④ 晶闸管阳极接正向电压，门极接反向电压，观察灯泡是否亮。

⑤ 晶闸管阳极接正向电压，门极电压为零，观察灯泡是否亮。

⑥ 晶闸管阳极接正向电压，门极接正向电压，观察灯泡是否亮。

⑦ 根据实验测试结果，总结晶闸管导通条件。

（3）关断条件测试

首先晶闸管阳极接正向电压，门极接正向电压，使晶闸管导通，灯泡亮。

① 晶闸管阳极接正向电压，门极电压为零，观察灯泡是否熄灭。

② 晶闸管阳极接正向电压，门极电压为反向电压，观察灯泡是否熄灭。

③ 断开门极电压，通过缓慢调节调压器减小阳极电压，并观察电流表的读数，当电流表突变到零时，并观察灯泡是否熄灭。

④ 根据实测结果，总结晶闸管关断条件。

参数	数值 1	数值 2	数值 3	数值 4	数值 5
U_g					
I_d					
U_V					

4. 实施评价标准

序号	内容	配分	等级	评分细则	得分
1	连接电路	10	10	接错 1 根扣 2 分	
2	导通测试	30	15	测试过程错误 1 处扣 5 分	
			10	参数记录，每缺 1 项扣 2 分	
			5	无结论扣 5 分，结论错误酌情扣分	
3	关断测试	30	15	测试过程错误 1 处扣 5 分	
			10	参数记录，每缺 1 项扣 2 分	
			5	无结论扣 5 分，结论不准确酌情扣分	
4	安全操作	20	20	违反操作规程 1 次扣 10 分，元件损坏 1 个扣 10 分，烧保险 1 次扣 5 分	
5	现场整理	10	10	经提示后能将现场整理干净扣 5 分；不合格，本项 0 分	
合计					

（二）单结晶体管触发电路的调试

1. 所需仪器设备

① 单结晶体管 3 个。

② 指针式万用表 1 块。

2. 测试前准备

① 掌握相关知识。

② 清点相关材料、仪器和设备。

3. 操作步骤及注意事项

① 观察单结晶体管外形。

② 单结晶体管测试。用万用表 R×1k 的电阻挡测量单结晶体管的发射极（e）和第一基极（b_1）、第二基极（b_2）以及第一基极（b_1）、第二基极（b_2）之间正反向电阻，将数据记录在任务单测试过程记录中并判断单结晶体管好坏。

注意事项：

① 双踪示波器有两个探头，可同时观测两路信号，但这两个探头的地线都与示波器的外壳相连，所以两个探头的地线不能同时接在同一电路的不同电位的两个点上，否则这两点会通过示波器外壳发生电气短路；

② 为了保证测量的顺利进行，可将其中一根探头的地线取下或外包绝缘，只使用其中一路的地线，这样从根本上解决了上述问题；

③ 当需要同时观察两个信号时，必须在被测电路上找到这两个信号的公共点，将探头的地线接于此处，探头各接至被测信号，只有这样才能在示波器上同时观察到两个信号，而不发生意外。

4. 实施评价标准

序号	内容	配分	等级	评分细则	得分
1	辨识器件	10	10	能从外形认识晶闸管，错误1个扣5分	
2	说明型号	10	10	能说明型号含义，错误1个扣5分	
3	单结晶体管测试	50	20	万用表使用，挡位错误1次扣5分	
			10	测试方法，错误扣10分	
			20	测试结果，每错1个扣5分	
4	器件鉴别	30	30	判断错误1个扣5分	

二、任务结束

操作结束后，拆除接线，整理操作台、断电，清扫场地。

三、任务总结

1.晶闸管的导通条件是_____。

2.导通后流过晶闸管的电流由_____决定。

3.晶闸管的关断条件是_____。

4.晶闸管型号 KP100-8E 代表_____。

5.单结晶体管的测试方法：_____。

6.单结晶体管自激振荡电路是根据单结晶体管_____特性组成工作，振荡频率的高低与_____因素有关。

任务二 单相半波调光灯电路的制作

【任务分析】

通过完成单相半波调光灯电路的制作，掌握调光灯电路的工作要点，并在电路安装与调试过程中，培养实践工作素养。

【知识链接】

单相半波可控整流调光灯电路是负载为纯阻性的单相半波可控整流电路，电阻负载的特点是负载两端电压波形和电流波形相似，电压、电流均允许突变。

一、电路构成

图 1-32 所示为单相半波可控整流电阻性负载电路的原理图，变压器的次级绕组与负载相接，串联一个晶闸管，利用晶闸管的可控单向导电性，在半个周期内通过控制晶闸管导通时间来控制电流流过负载的时间，另半个周期被晶闸管所阻，负载没有电流。

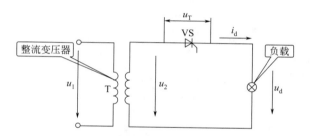

图 1-32 单相半波可控整流电阻性负载电路图

在单相半波整流电路中，把晶闸管从承受正向阳极电压起到受触发脉冲而导通之间的电角度 α 称为触发延迟角（或为控制角、移相角）；而晶闸管在一个周期内的导通时间所对应的电角度用 θ 表示，称为导通角，且满足 $\theta = \pi - \alpha$，如图 1-33 所示。

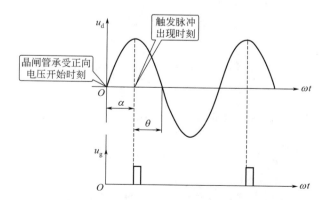

图 1-33 单相半波整流电路电阻性负载控制角及导通角

① 移相 是指改变触发脉冲出现的时刻，即改变控制角 α 的大小。

② 移相范围　是指一个周期内触发脉冲能够移动的范围，它决定了输出电压的变化范围。单相半波可控整流电路电阻性负载时，移相范围为180°。不同电路或者同一电路不同性质的负载，移相范围不同。

二、单相半波可控整流电路电阻负载工作原理

1. 触发信号 $\alpha = 0°$ 时

在 $\alpha = 0°$ 时，即在电源电压 u_2 过零变正时，晶闸管门极触发脉冲出现，如图1-34所示。

① 从电源电压零点开始，晶闸管承受正向电压，此时触发脉冲出现，满足晶闸管触发导通条件，使得晶闸管导通，负载上输出电压 u_d 的波形与电源电压 u_2 波形相同，如图1-34（a）所示。

② 电源电压 u_2 过零点，流过晶闸管电流为零，晶闸管被关断，负载两端电压 u_d 也为零，如图1-34（a）所示。

③ 在电源电压 u_2 负半周内，晶闸管承受反向电压不导通，直至下一个周期 $\alpha = 0°$ 触发电路再次加入触发脉冲时，晶闸管被再次导通，如图1-34（a）所示。

由于在晶闸管导通期间，忽略其管压降，$u_T = 0$，在晶闸管截止期间，承受全部反向电压，如图1-34（b）所示。

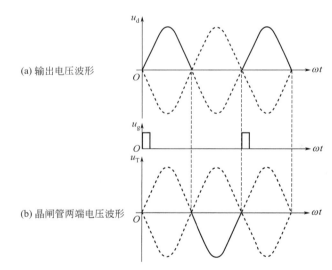

(a) 输出电压波形

单相半波可控整流
电路电阻负载触发
角0°~30°电路

(b) 晶闸管两端电压波形

图1-34　$\alpha = 0°$ 时输出电压和晶闸管两端电压的波形

2. 触发信号 $\alpha = 30°$ 时

改变晶闸管的触发角 α 的大小可改变输出电压的波形，图1-35（a）所示为 $\alpha = 30°$ 的输出电压波形。

① 当 $\alpha = 30°$ 时，晶闸管承受正向电压，加入触发信号使得晶闸管导通，负载上得到输出电压 u_d 与电源电压 u_2 波形相同。

② 当电源电压 u_2 过零时，晶闸管同时关断，负载上得到的输出电压 u_d 为零。

③ 在电源电压过零点到 $\alpha = 30°$ 时，虽晶闸管承受正向电压，由于没有触发信号，晶闸管还是处于截止状态。

图 1-35（b）所示为 $\alpha=30°$ 时晶闸管两端输出的波形，与 $\alpha=0°$ 工作原理类似。

图 1-36 所示为 $\alpha=30°$ 时，用慢速扫描示波器测得的输出电压和晶闸管两端电压波形，可与图 1-35 波形对照进行比较。

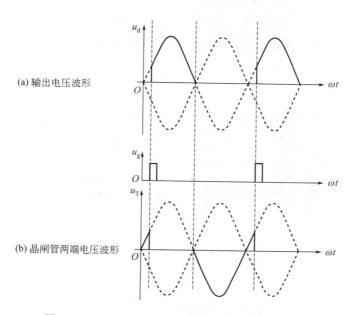

(a) 输出电压波形

(b) 晶闸管两端电压波形

图 1-35 $\alpha=30°$ 时输出电压和晶闸管两端电压波形

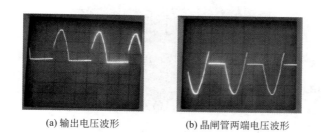

(a) 输出电压波形　　　　(b) 晶闸管两端电压波形

图 1-36 示波器测量 $\alpha=30°$ 时输出电压和晶闸管两端电压的波形

3. 控制信号为 60°、90°、120°、150°时，用示波器测量实际电路的波形

继续改变触发脉冲时刻，可以得到控制角 α 为 60°、90°、120°、150°时输出电压和管子两端的波形，图 1-37～图 1-39 为用慢速扫描示波器测得实际波形，图 1-40 是控制角 α 为 150°时实测波形。

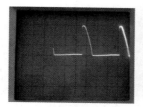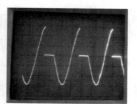

(a) 输出电压波形　　　　(b) 晶闸管两端电压波形

图 1-37 示波器测量 $\alpha=60°$ 时输出电压和晶闸管两端电压的波形

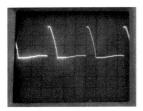 

(a) 输出电压波形　　　　　(b) 晶闸管两端电压波形

图 1-38　示波器测量 $\alpha=90°$ 时输出电压和晶闸管两端电压的波形

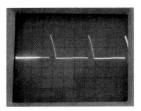 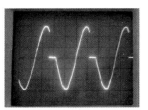

(a) 输出电压波形　　　　　(b) 晶闸管两端电压波形

图 1-39　示波器测量 $\alpha=120°$ 时输出电压和晶闸管两端电压的波形

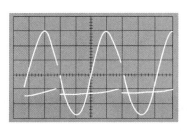

图 1-40　示波器测量 $\alpha=150°$ 时晶闸管两端电压和触发波形的波形

单相半波可控整流电路电阻负载触发角60°~150°电路

由以上可得出以下结论。

① 单相半波整流电路中，改变控制角 α 大小即改变触发脉冲在每周期内出现的时刻，则 u_d 和 i_d 的波形变化，输出整流电压的平均值 U_d 大小也随之改变。α 减小，U_d 增大；反之，U_d 减小。

② 单相半波整流电路理论上移相范围 $0°\sim180°$，但是实际电路在 $150°\sim170°$ 波形基本结束。

三、单相半波可控整流电路电阻性负载参数计算

1. 输出电压平均值与平均电流的计算

$$U_d=\frac{1}{2\pi}\int_\alpha^\pi \sqrt{2}U_2\sin\omega t\,d(\omega t)=0.45U_2\frac{1+\cos\alpha}{2} \tag{1-9}$$

$$I_d=\frac{U_d}{R_d}=0.45\times\frac{U_2}{R_d}\frac{1+\cos\alpha}{2} \tag{1-10}$$

以上表明，输出直流电压平均值 U_d 与整流变压器二次侧交流电压 U_2 和控制角 α 有关。

① 当 U_2 给定后，U_d 仅与 α 有关。当 $\alpha=0°$ 时，则 $U_d=0.45U_2$，为最大输出直流平均电压。

② 当 $\alpha=180°$ 时，$U_d=0$。

只要控制触发脉冲送出的时刻，U_d 就可以在 $0\sim0.45U_2$ 之间平滑可调。

2. 负载上电压有效值与电流有效值的计算

由有效值的定义，U 应是 U_d 波形的均方根值，即

$$U = \sqrt{\frac{1}{2\pi}\int_\alpha^\pi (\sqrt{2}U_2\sin\omega t)^2 \mathrm{d}(\omega t)} = U_2\sqrt{\frac{\pi-\alpha}{2\pi}+\frac{\sin2\alpha}{4\pi}} \qquad (1\text{-}11)$$

负载电流有效值为

$$I = \frac{U}{R_d} \qquad (1\text{-}12)$$

3. 晶闸管电流有效值与管子两端可能承受的最大正反向电压

在单相半波可控整流电路中，晶闸管与负载串联，所以负载电流的有效值也就是流过晶闸管电流的有效值，其关系为

$$I_T = I = \frac{U_2}{R_d}\sqrt{\frac{\pi-\alpha}{2\pi}+\frac{\sin2\alpha}{4\pi}} \qquad (1\text{-}13)$$

由图 1-35 中 u_T 波形得知，晶闸管承受的正反向峰值电压为

$$U_{TM} = \sqrt{2}U_2 \qquad (1\text{-}14)$$

4. 功率因数 λ

$$\lambda = \cos\phi = \frac{P}{S} = \frac{UI}{U_2 I} = \sqrt{\frac{\pi-\alpha}{2\pi}+\frac{\sin2\alpha}{4\pi}} \qquad (1\text{-}15)$$

【例 1-3】 单相半波可控整流电路，电阻性负载，电源电压 U_2 为 220V，要求的直流输出电压为 60V，相应的有效值电流为 15.7A。(1) 计算晶闸管的控制角 α；(2) 选择晶闸管的型号。

解：(1) 由 $U_d = 0.45U_2\dfrac{1+\cos\alpha}{2}$ 计算输出电压为 60V 时的晶闸管控制角 α

$$\cos\alpha = \frac{2\times60}{0.45\times220}-1 \approx 0.212$$

得到

$$\alpha = 77.8°$$

(2) 晶闸管两端所承受的正反向峰值电压为

$$U_{TM} = \sqrt{2}U_2 \approx 311(V)$$

晶闸管的额定电压为

$$U_{TN} = (2\sim3)U_{TM} = 622\sim933(V)$$

故取

$$U_{TN} = 1000V$$

晶闸管通态平均电流为

$$I_{T(AV)} \geq (1.5\sim2)\frac{I_T}{1.57} = (1.5\sim2)\frac{15.7}{1.57} = 15\sim20(A)$$

故取

$$I_{T(AV)} = 20A$$

选择晶闸管型号为 KP20-10。

四、单相半波可控整流电路电感性负载工作原理

1. 不接续流二极管工作原理

（1）电路结构

单相半波可控整流电路电感性负载电路构成如图 1-41 所示。

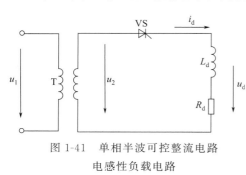

图 1-41   单相半波可控整流电路
电感性负载电路

（2）工作原理

图 1-42 所示为电感性负载不接续流二极管控制角 α 时输出电压、电流的波形。

① 在 $0\sim\omega t_1$ 期间   晶闸管阳极电压大于零，这时晶闸管门极没有加触发信号，晶闸管处于正向阻断状态，输出电压和电流都等于零。

② 在 ωt_1 时刻   门极加上触发信号，晶闸管加触发信号导通，电源电压 u_2 加在负载上，输出电压 $u_d=u_2$。由于电感的存在，在 u_d 的作用下，负载电流 i_d 从零按指数规律逐渐上升。

③ 在 π 时刻   交流电压过零，由于电感的存在，流过晶闸管的阳极电流仍大于零，晶闸管会继续导通，此时电感储存的能量一部分释放变成电阻的热能，另一部分送回电网，电感的能量全部释放完后，晶闸管在电源电压 u_2 的反压作用下而截止。在下一个周期的正半周，即 $2\pi+\alpha$ 时刻，晶闸管再次被触发导通。不断循环，其输出电压、电流波形如图 1-42 所示。其他特殊触发角的实际输出电压波形如图 1-43～图 1-46 所示。

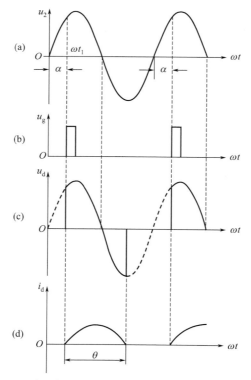

图 1-42   电感性负载不接续流二极管时输出电压和电流波形

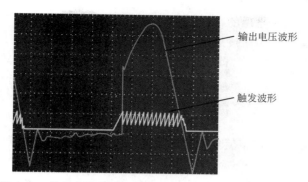

图 1-43　单相半波电感性负载（触发角 30°）电压输出波形

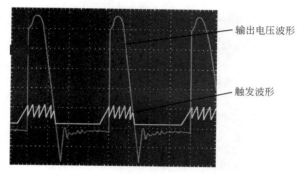

图 1-44　单相半波电感性负载（触发角 60°）电压输出波形

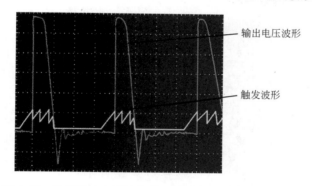

图 1-45　单相半波电感性负载（触发角 90°）电压输出波形

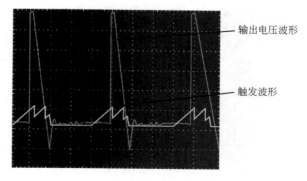

图 1-46　单相半波电感性负载（触发角 120°）电压输出波形

由以上得出结论：**由于电感的存在，使得晶闸管的导通角增大，在电源电压由正到负的过零点也不会关断，使负载电压波形出现部分负值，其结果使输出电压平均值 U_d 减小。** 电感越大，维持导电时间越长，输出电压负值部分占的比例愈大，U_d 减少愈多。当电感 L_d 非常大时，导通角 θ 将接近 $2\pi - 2\alpha$，此时负载上得到的电压波形正负面积相等，平均电压 $U_d \approx 0$。不管如何调节控制角 α，U_d 值总是很小，电流平均值 I_d 也很小，电路没有应用价值。

实际应用的单相半波可控整流电路在带有电感性负载时，应在负载两端并联续流二极管，以提高其输出电压。

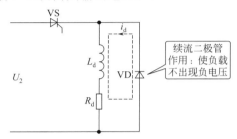

图 1-47　电感性负载接续流二极管的电路

2. 接续流二极管时工作原理

（1）电路结构

为了使电源电压过零且变负时能够及时地关断晶闸管，使 U_d 波形不出现负值，又可为电感线圈 L_d 提供续流的旁路，可在电路上加入二极管 **VD**，如图 1-47 所示。由于二极管 VD 是为电感性负载在晶闸管关断时提供续流通路，又可称为续流二极管。

（2）工作原理

图 1-48 所示为电感性负载接续流二极管控制角为 α 的输出电压、电流的波形。其他特殊触发角的实际输出电压波形如图 1-49～图 1-52 所示。

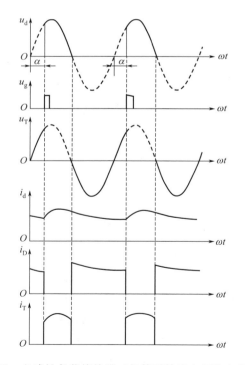

图 1-48　电感性负载接续流二极管时输出电压和电流波形

单相半波可控整流
电路电感负载触发
角0°～30°电路

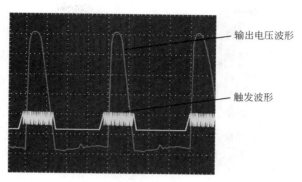

图 1-49 单相半波电感性负载接续流二极管（触发角 30°）电压输出波形

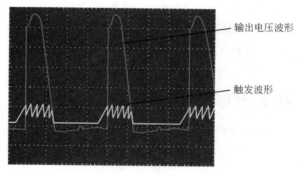

图 1-50 单相半波电感性负载接续流二极管（触发角 60°）电压输出波形

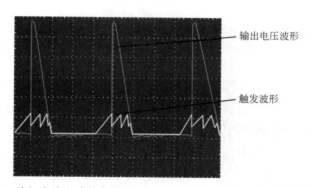

图 1-51 单相半波电感性负载接续流二极管（触发角 90°）电压输出波形

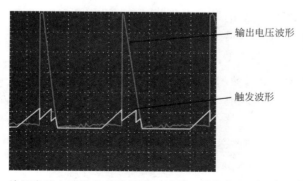

图 1-52 单相半波电感性负载接续流二极管（触发角 120°）电压输出波形

由以上得出结论：

① 电源电压正半周（$0 \sim \pi$），晶闸管 VS 承受正向电压时，触发脉冲在 α 时刻触发晶闸管导通，负载上有输出电压和电流，此时，续流二极管 VD 承受反向电压而关断；

② 电源电压负半波（$\pi \sim 2\pi$），电感的感应电压使续流二极管 VD 承受正向电压导通并续流，电源电压 $u_2 < 0$，u_2 通过续流二极管 VD 使晶闸管 VS 承受反向电压而关断，负载两端的输出电压即为续流二极管的管压降，若电感量足够大，续流二极管 VD 一直导通维持到下一周期晶闸管 VS 导通，使电流 i_d 连续，且 i_d 波形近似为一条直线；

③ 续流期间 u_d 为 0，u_d 中不会出现负的部分，其输出波形与晶闸管两端波形与电阻性负载相同。

单相半波可控整流电路的特点：简单，输出脉动大，变压器二次电流中含直流分量，极易造成变压器铁芯直流磁化，实际应用不大。

由于电感性负载中的电流不能突变，当晶闸管 VS 被触发导通后，阳极电流上升较慢，实际应用时触发角 $>20°$，避免阳极电流没有达到晶闸管擎住电流时，触发脉冲已消失，导致晶闸管不能导通。

五、单相半波可控整流电路（电阻电感性）负载参数计算

1. 输出电压平均值 U_d 与输出电流平均值 I_d

$$U_d = 0.45 U_2 \frac{1+\cos\alpha}{2} \tag{1-16}$$

$$I_d = \frac{U_d}{R_d} = 0.45 \times \frac{U_2}{R_d} \times \frac{1+\cos\alpha}{2} \tag{1-17}$$

2. 流过晶闸管电流的平均值 I_{dT} 和有效值 I_T

$$I_{dT} = \frac{\pi-\alpha}{2\pi} I_d \tag{1-18}$$

$$I_T = \sqrt{\frac{1}{2\pi} \int_\alpha^\pi I_d^2 \, \mathrm{d}(\omega t)} = \sqrt{\frac{\pi-\alpha}{2\pi}} I_d \tag{1-19}$$

3. 流过续流二极管电流的平均值 I_{dD} 和有效值 I_D

$$I_{dD} = \frac{\pi+\alpha}{2\pi} I_d \tag{1-20}$$

$$I_D = \sqrt{\frac{\pi+\alpha}{2\pi}} I_d \tag{1-21}$$

4. 晶闸管和续流二极管承受的最大正反向电压

晶闸管和续流二极管承受的最大正反向电压都为电源电压的峰值。

$$U_{TM} = U_{DM} = \sqrt{2} U_2 \tag{1-22}$$

【例 1-4】 有一转差离合器的励磁绕组（图 1-53），其直流电阻为 45Ω，希望在 $0 \sim 90V$ 范围内可调，采用单相半波可控整流电路，由电网直接供电，电源电压为 $220V$。试选择晶闸管和二极管。

解： 在大电感负载情况下，必须接续流二极管，电路才能正常运行，如图 1-53 所示。

$$U_d = 90V$$

$$I_d = \frac{U_d}{R} = 2A$$

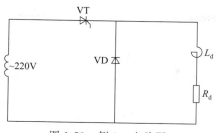

图 1-53　例 1-4 电路图

$$U_d = 0.45 \times 220 \times \frac{1 + \cos\alpha}{2}$$

得到　　$\alpha = 35°$

$$I_T = \sqrt{\frac{180° - \alpha}{360°}} \, I_d \approx 1.23(A)$$

$$I_{T(AV)} \geqslant \frac{I_T}{1.57} \approx 0.8(A)$$

若不考虑电压、电流裕量，选择 KP1-4 型晶闸管。

流过二极管 VD 电流有效值为

$$I_D = \sqrt{\frac{180° + \alpha}{360°}} \, I_d \approx 1.55(A)$$

若不考虑电压、电流裕量，选择 ZP2-4 型二极管。

六、单相半控桥式整流电路（电阻性）负载工作原理

1. 电路结构

图 1-54 所示为单相半控桥式整流电阻性电路，其中晶闸管 VT_1 和 VT_3 的阴极接在一起，称为共阴极接法，同理，二极管 VD_2 和 VD_4 的阳极接在一起称为共阳极接法。$\alpha = 30°$ 时输出电压和晶闸管电压波形如图 1-55 所示。

单相半控桥式整流
触发角为30°电路
（电阻性）负载

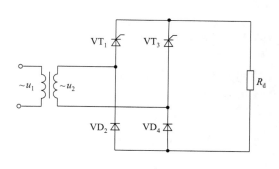

图 1-54　单相半控桥式整流电阻性负载的电路

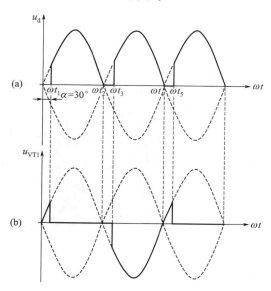

图 1-55　$\alpha = 30°$ 时输出电压和晶闸管电压波形

2. 工作原理

① 当电源电压 u_2 处于正半周时，VT_1 和 VD_4 同时承受正向电源电压，VT_3 和 VD_2 同时承受负向电源电压，当 $\alpha = 30°$ 时加入触发脉冲，使得 VT_1 和 VD_4 同时承受正向电压而导通，电源电压 u_2 全部加在负载电阻两端，其输出电压 u_d 波形同 u_2 正半周波形一致，电流方向如图 1-56 所示。

② 当 u_2 过零时，VT_1 和 VD_4 承受反向电压关断。

③ 当 u_2 处于负半周时，VT_1 和 VD_4 同时承受反压，VT_3 和 VD_2 同时承受正向电源电压，当 $\alpha = 30°$ 时加入触发脉冲，使得 VT_3 和 VD_2 导通，负载电流方向如图 1-57 所示。

④ 负载电压与前半个周期电压波形一致，直到 u_2 过零时，VT_3 截止。

⑤ 如此循环下去，在负载两端得到脉动的直流输出电压。

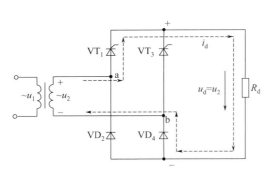 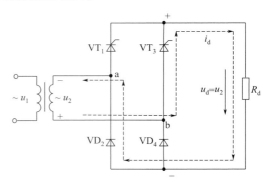

图 1-56 VT_1 和 VD_4 导通输出电压及电流 　　　图 1-57 VT_3 和 VD_2 导通输出电压及电流

从图 1-55 波形图上可以看出：

a. 在 $0 \sim \omega t_1$，晶闸管阳极电压大于零，这时晶闸管门极没有触发信号，晶闸管处于正向阻断状态，输出电压和电流都等于零；

b. 在 $\omega t_1 \sim \omega t_2$，晶闸管 VT_1 导通，管子两端的电压近似为零，此时二极管 VD_4 承受正向电压而导通，输出电压 $u_d = u_2$；

c. 在 $\omega t_2 \sim \omega t_3$，晶闸管 VT_1 关断，由于二极管 VD_2 承受正向电压处于导通状态，使得二极管 VD_2 两端不承受电压；

d. 在 $\omega t_3 \sim \omega t_4$，晶闸管 VT_3 被触发导通后，VT_1 承受 u_2 全部反向电压波形。

图 1-58 所示为 $\alpha = 30°$ 时实际输出电压波形和晶闸管输出波形。

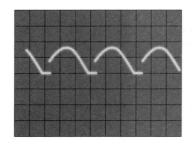 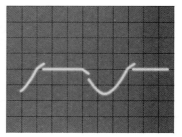

图 1-58 $\alpha = 30°$ 时实际输出电压和晶闸管输出电压波形

由以上的分析和测试可以得出以下结论：

① VT$_1$ 和 VT$_3$ 的阴极接在一起，触发脉冲同时送两只管子的门极，能被触发导通的只能是承受正向电压的一只晶闸管；

② VD$_2$ 和 VD$_4$ 的阳极接在一起，两只管子阴极电位低的二极管导通；

③ 移相范围为 0°～180°。

3. 单相半控桥式整流带电阻性负载相关参数计算

（1）输出电压平均值的计算

$$U_d = 0.9U_2 \frac{1+\cos\alpha}{2} \tag{1-23}$$

（2）负载电流平均值的计算

$$I_d = \frac{U_d}{R_d} = 0.9 \times \frac{U_2}{R_d} \times \frac{1+\cos\alpha}{2} \tag{1-24}$$

（3）流过晶闸管和二极管的电流平均值

$$I_{dT} = I_{dD} = \frac{1}{2}I_d \tag{1-25}$$

（4）流过晶闸管和二极管的电流有效值

$$I_T = I_D = \frac{U_2}{R_d}\sqrt{\frac{1}{2\pi}\sin2\alpha + \frac{\pi-\alpha}{\pi}} \tag{1-26}$$

（5）晶闸管承受的最大电压

$$U_{TM} = \sqrt{2}U_2 \tag{1-27}$$

七、单相半控桥式整流电路（电感性）负载工作原理

1. 电路结构

图 1-59 所示为单相半控桥式整流电阻性电路，其中晶闸管 VT$_1$ 和 VT$_3$ 的阴极接在一起，称为共阴极接法，同理，二极管 VD$_2$ 和 VD$_4$ 的阳极接在一起，称为共阳极接法。

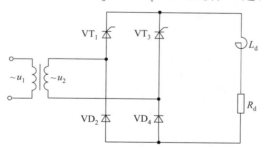

单相半控桥式整流
触发角为30°电路
（电感性）负载

图 1-59　单相半控桥式整流电感性负载的电路

2. 工作原理

① 当电源电压 u_2 处于正半周时，VT$_1$ 和 VD$_4$ 同时承受正向电源电压，VT$_3$ 和 VD$_2$ 同时承受负向电源电压，当 $\alpha = 30°$ 时加入触发脉冲使得 VT$_1$ 和 VD$_4$ 同时承受正向电压而导通，电源电压 u_2 全部加在负载电阻两端，其输出电压 u_d 波形同 u_2 正半周波形一致，如图 1-60 所示，电流方向如图 1-61 所示。

② 当 u_2 过零时进入负半周，由于电感上产生的感应电动势，使得 VT$_1$ 和 VD$_4$ 导通，VT$_1$ 继续导通，此时 a 端电位高于 b 端，VD$_2$ 正偏导通，VD$_4$ 承受反压关断，负载电流 i_d 由 VT$_1$、VD$_2$ 构成续流回路，如图 1-62 所示。

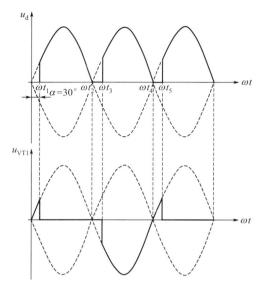

图 1-60 $\alpha=30°$ 时输出电压和晶闸管电压波形

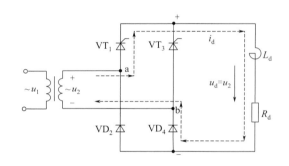

图 1-61 VT_1 和 VD_4 导通输出电压及电流

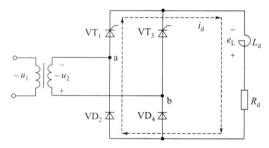

图 1-62 VT_1 和 VD_2 续流回路

③ 在自然续流期间，VT_1 仍然导通，其两端承受的电压波形与横轴重合。

④ 在 u_2 负半周时触发 VT_3，电流方向如图 1-63 所示，负载两端与 u_2 正半周输出电压相同，VT_1 因 VT_3 导通而承受反向电源电压 u_2 关断。

⑤ 当 u_2 过零进入正半周时，电感上感应电动势使得 VT_3 继续保持导通，VD_4 自然换流导通，VD_2 截止，电路进入自然续流状态，VT_1 承受正向电源电压 u_2，如图 1-64 所示。

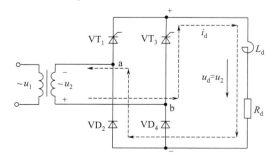

图 1-63 VT_3 和 VD_2 导通输出电压及电流

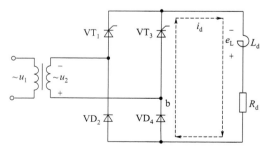

图 1-64 VT_3 和 VD_4 续流回路

图 1-65 所示为 $\alpha = 90°$ 时实际输出电压波形和晶闸管输出波形。

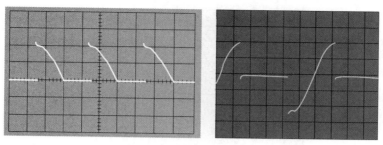

图 1-65　$\alpha = 90°$ 时实际输出电压波形和晶闸管 VT_1 两端波形

由以上的分析和测试可以得出以下结论：

a. 在单相半控桥式整流大电感负载电路中，两个晶闸管触发换流，两个二极管则在电源过零时进行换流；

b. 电路内部有自然续流的作用，输出电压 u_d 没有负半周，负载电流 i_d 也不再流回电源，只要负载电感量足够大，则负载电流 i_d 连续；

c. 移相范围为 $0° \sim 180°$。

3. 单相半控桥式整流带大电感性负载相关参数计算

（1）输出电压平均值的计算

$$U_d = 0.9 U_2 \frac{1 + \cos\alpha}{2} \tag{1-28}$$

（2）负载电流平均值的计算

$$I_d = \frac{U_d}{R_d} = 0.9 \times \frac{U_2}{R_d} \times \frac{1 + \cos\alpha}{2} \tag{1-29}$$

（3）流过晶闸管的电流平均值

$$I_{dT} = \frac{1}{2} I_d \tag{1-30}$$

（4）流过晶闸管的电流有效值

$$I_T = \frac{1}{\sqrt{2}} I_d \tag{1-31}$$

（5）晶闸管承受的最大电压

$$U_{TM} = \sqrt{2} U_2 \tag{1-32}$$

八、电感性接续流二极管负载波形分析与电路参数计算

在单相半控桥式整流大电感负载电路中不接续流二极管，电路也可正常工作，但是工作可靠性不高，实际应用易出现失控现象，如图 1-66 所示。

1. 大电感工作特点

① 在 ωt_3 时，电源电压 u_2 处于正半周，加入触发脉冲 u_{g1} 触发 VT_1，此时，VT_1 和 VD_4 导通，电路处于整流状态，负载电流如图 1-67 所示。

② 当电源电压 u_2 过零进入负半周时，负载电流 i_d 由 VD_4 换流到 VD_2，VT_1 和 VD_2 导通，电路便进入自然续流状态，如图 1-68 所示。

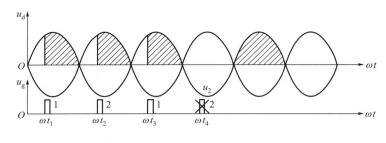

图 1-66 单相半控桥式整流大电感负载电路失控时输出电压波形

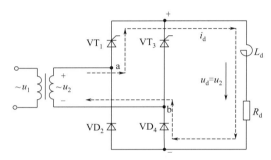

图 1-67 VT_1、VD_4 导通时电路的整流状态

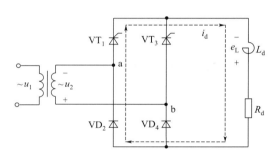

图 1-68 VT_1、VD_2 导通时电路的续流状态

③ 在 ωt_4 时，电源电压 u_2 处于负半周，加入触发脉冲 u_{g3} 触发 VT_3，同时 VT_1 承受反压关断，由于触发脉冲 u_{g3} 突然丢失，导致 VT_3 无法导通，只有电感 L_d 的电感量足够大，续流过程将继续进行到 u_2 的负半周结束。

④ 当电源电压 u_2 再次过零进入正半周时，VT_1 承受正向电压继续导通，负载电流 i_d 由 VD_2 换流到 VD_4，电路再次进入整流状态，继续循环。

⑤ 在单相半控桥式整流大电感负载电路中 α 突然移到 $180°$ 或者脉冲突然丢失时，会发生已导通的晶闸管持续导通无法关断，而两个整流二极管轮流导通的不正常现象，该现象称为失控现象。**实际工作中，一旦出现失控现象，晶闸管会过热而损坏。**

2. 接续流二极管时工作特点

为防止失控现象，可在负载两端并联二极管 VD，称为续流二极管，如图 1-69 所示。

① 在电源电压 u_2 正半周时，触发 VT_1，VT_1 和 VD_4 同时导通，电路处于整流状态。u_2 过零时，VD 导通。负载电流 i_d 经过 VD、R_d、L_d 释放电感中储存的能量，如图 1-70 所示。

② 当电路正常工作时，续流二极管 VD 将在触发电路送出脉冲 u_{g3}，使 VT_3 触发导通后承受反压而关断，换流后负载电流如图 1-71 所示。

③ 触发脉冲 u_{g3} 突然丢失致使 VT_3 无法导通，则因续流二极管 VD 导通，VT_1 在电源电压过零时已经关断，避免了电路的失控。

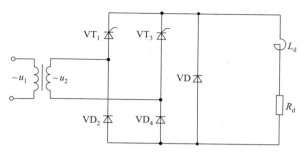

图 1-69 单相半控桥式整流电路接续流二极管

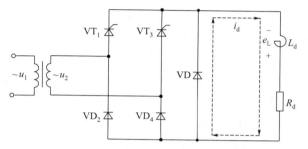

图 1-70 续流二极管 VD 导通续流

单相半控桥式整流
触发角为30°电路
（电感性）接续流
二极管负载

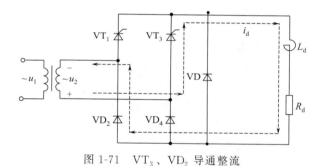

图 1-71 VT₃、VD₂ 导通整流

3. 单相半控桥式整流带大电感性负载接续流二极管相关参数计算

（1）输出电压平均值的计算

$$U_d = 0.9 U_2 \frac{1+\cos\alpha}{2} \tag{1-33}$$

（2）负载电流平均值的计算

$$I_d = \frac{U_d}{R_d} = 0.9 \times \frac{U_2}{R_d} \times \frac{1+\cos\alpha}{2} \tag{1-34}$$

（3）流过晶闸管的电流平均值的计算

$$I_{dT} = \frac{\pi-\alpha}{2\pi} I_d \tag{1-35}$$

（4）流过晶闸管电流有效值的计算

$$I_T = \sqrt{\frac{\pi-\alpha}{2\pi}} I_d \tag{1-36}$$

（5）流过续流二极管 VD 电流平均值的计算

$$I_{dD} = \frac{\alpha}{\pi} I_d \tag{1-37}$$

（6）流过续流二极管 VD 电流有效值的计算

$$I_D = \sqrt{\frac{\alpha}{\pi}} I_d \tag{1-38}$$

（7）晶闸管承受的最大电压

$$U_{TM} = \sqrt{2} U_2 \tag{1-39}$$

（8）续流二极管承受的最大电压

$$U_{DM} = \sqrt{2} U_2 \tag{1-40}$$

α 移相范围为 $0° \sim 180°$。

【例 1-5】 有一大电感负载采用单相半控桥式有续流二极管整流电路进行供电，负载电阻为 10Ω，输入电压为 $220V$，晶闸管控制角 $\alpha = 60°$，求流过晶闸管、二极管的电流平均值和有效值。

解：输出电压平均值为

$$U_d = 0.9 U_2 \frac{1+\cos\alpha}{2} = 0.9 \times 220 \times \frac{1+\cos 60°}{2} \approx 149 (V)$$

负载电流平均值为

$$I_d = \frac{U_d}{R_d} = \frac{149}{10} = 14.9 (A)$$

流过晶闸管的电流平均值和有效值分别为

$$I_{dT} = \frac{\pi - \alpha}{2\pi} I_d = \frac{180° - 60°}{360°} \times 14.9 \approx 5 (A)$$

$$I_T = \sqrt{\frac{\pi - \alpha}{2\pi}} I_d = \sqrt{\frac{180° - 60°}{360°}} \times 14.9 \approx 8.6 (A)$$

流过二极管的电流平均值和有效值分别为

$$I_{dD} = \frac{\alpha}{\pi} I_d = \frac{60°}{180°} \times 14.9 \approx 5 (A)$$

$$I_D = \sqrt{\frac{\alpha}{\pi}} I_d = \sqrt{\frac{60°}{180°}} \times 14.9 \approx 8.6 (A)$$

【任务实施】

根据任务要求对单相半波可控整流电路电阻性负载及电感性负载进行调试。

一、任务说明

（一）单相半波可控整流电路电阻性负载调试

1. 所需仪器设备

① DJDK-1 型电力电子技术及电机控制实验装置（含 DJK01 电源控制屏、DJK02 晶闸管主电路、DJK03-1 晶闸管触发电路、DJK06 给定及实验器件）1 套。

② 慢扫描示波器 1 台或数字存储示波器 1 台。

③ 螺钉旋具 1 把。

④ 指针式万用表1块。

⑤ 导线若干。

2. 测试前准备

① 课前预习相关知识。

② 清点相关材料、仪器和设备。

③ 用指针式万用表测试晶闸管、过压过流保护等器件的好坏。

④ 填写任务单测试前准备部分。

3. 操作步骤及注意事项

（1）接线

① 触发电路接线 将DJK01电源控制屏的电源选择开关打到"直流调速"侧，使输出线电压为200V，用两根导线将200V交流电压（A、B）接到DJK03-1的"外接220V"端。

② 主电路接线 将DJK01电源控制屏的三相电源输出A接DJK02三相整流桥路中VS_1的阳极，VS_1阴极接DJK02直流电流表"+"，直流电流表的"－"接DJK06给定及实训器件中灯泡的一端，灯泡的另一端接DJK01电源控制屏的三相电源输出B。将VS_1阴极接DJK02直流电压表"+"，直流电压表"－"接三相电源输出B。

③ 触发脉冲连接 将单结晶体管触发电路G接VS_1的门极，K接VS_1的阴极，如图1-72所示。

注意 电源选择开关不能打到"交流调速"侧工作。A、B接"外接220V"端，严禁接到触发电路中其他端子。把DJK02中"正桥触发脉冲"对应控制VS_1的触发脉冲G_1、K_1的开关打到"断"的位置。

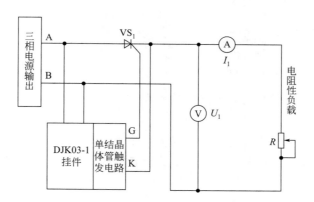

图1-72 单相半波可控整流电路电阻性负载调试电路

（2）单结晶体管触发电路调试

① 按下电源控制屏绿色的"启动"按钮，打开DJK03-1电源开关，电源指示灯亮，这时挂件中所有的触发电路都开始工作。

② 用慢扫描示波器分别测试单结晶体管触发电路的同步电压（～60V上面端子）和1、2、3、4、5五个测试孔的波形，调节电位器RP_1，观察波形的周期变化及输出脉冲波形的移相范围，并在任务单记录调试结果。

（3）调光灯电路调试

① 观察灯泡明暗亮度的变化。按下电源控制屏的"启动"按钮，打开DJK03-1电源开

关，用螺钉旋具调节 DJK03-1 单结晶体管触发电路的移相电位器 RP_1，观察直流电压表、直流电流表的读数以及灯泡明暗亮度的变化。

② 观察负载两端波形并记录输出电压大小。调节电位器 RP_1，观察并记录 $\alpha = 0°$、$30°$、$60°$、$90°$、$120°$、$150°$、$180°$ 时的 u_d、u_T 波形，测量直流输出电压 U_d 和电源电压 U_2 值并记录。

操作结束后，断开电源，拆除接线，按要求整理操作台，清扫场地。

4. 任务实施标准

序号	内容	配分	等级	评分细则	得分
1	接线	15	15	接线错误 1 根扣 5 分	
2	示波器使用	15	15	使用错误 1 次扣 5 分	
3	单结晶体管触发电路调试	10	5	调试过程错误 1 处扣 5 分	
			5	没观察记录触发脉冲移相范围扣 5 分	
4	调光灯电路调试	30	15	测试过程错误 1 次扣 5 分	
			15	参数记录,每缺 1 项扣 2 分	
5	操作规范	20	20	违反操作规程 1 次扣 10 分,元件损坏 1 个扣 10 分,烧保险 1 次扣 5 分	
6	现场整理	10	10	经提示后能将现场整理干净扣 5 分;不合格,本项 0 分	
	合 计				

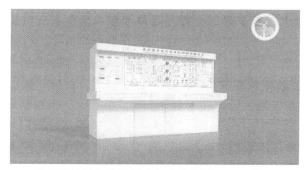

AR 安装包

单相半波可控整流调光灯电路调试 （AR）❶

（二）单相半波可控整流电路电感性负载调试

1. 所需仪器设备

① DJDK-1 型电力电子技术及电机控制实验装置（含 DJK01 电源控制屏、DJK02 晶闸管主电路、DJK03-1 晶闸管触发电路、DJK06 给定及实验器件、D42 三相可调电阻）1 套。

② 慢扫描示波器 1 台。

③ 螺钉旋具 1 把。

④ 指针式万用表 1 块。

⑤ 导线若干。

2. 测试前准备

① 清点相关材料、仪器和设备。

② 用指针式万用表测试晶闸管、过压过流保护等器件的好坏。

3. 操作步骤及注意事项

（1）单相半波可控整流电路电感性负载接线

---

① 触发电路接线 将 DJK01 电源控制屏的电源选择开关打到"直流调速"侧，使输出线电压为 200V，用两根导线将 200V 交流电压（A、B）接到 DJK03-1 的"外接 220V"端。

② 主电路接线 将 DJK01 电源控制屏的三相电源输出 A 接 DJK02 三相整流桥路中 VS_1 的阳极，VS_1 阴极接 DJK02 直流电流表"+"，直流电流表的"−"接 DJK02 平波电抗器的"*"，电抗器的 700mH 接 D42 负载电阻的一端，负载电阻的另一端接 DJK01 电源控制屏的三相电源输出 B；将 VS_1 阴极接 DJK02 直流电压表"+"，直流电压表"−"接三相电源输出 B；DJK06 中二极管阳极接直流电压表"−"，开关的一端接电流表的"−"。

③ 触发脉冲连接 将单结晶体管触发电路 G 接 VS_1 的门极，K 接 VS_1 的阴极，如图 1-73 所示。

注意 电源选择开关不能打到"交流调速"侧工作。A、B 接"外接 220V"端，严禁接到触发电路中其他端子。把 DJK02 中"正桥触发脉冲"对应控制 VS_1 的触发脉冲 G_1、K_1 的开关打到"断"的位置，负载电阻调到最大值，二极管极性不能反接，调试前将与二极管串联的开关拨到"断"。

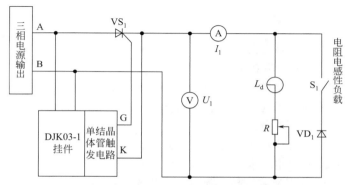

图 1-73 单相半波可控整流电路电感性负载电路

（2）单相半波可控整流电路电感性负载不接续流二极管调试（注意：**与二极管串联的开关拨到"断"**）

注意 主电路电压为 200V，测试时防止触电。**改变 R 的电阻值过程中，注意观察电流表，电流表读数不要超过 1A。**

① 按下电源控制屏的"启动"绿色按钮，打开 DJK03-1 电源开关，电源指示灯亮，这时挂件中所有的电路都开始工作。

② 用示波器测试单结晶体管触发电路的同步电压和 1、2、3、4、5 五个测试孔的波形，调节电位器 RP_1，观察波形的周期变化及输出脉冲波形的移相范围，并记录调试过程。

③ 观察负载两端波形并记录输出电压大小。调节电位器 RP_1，使控制角 $\alpha = 30°$、$60°$、$90°$、$120°$（在每一控制角时，可保持电感量不变，改变 R 的阻值，**注意电流不要超过 1A**），观察 u_d 的波形，并记录波形及输出电压 U_d 值。

（3）单相半波可控整流电路电感性负载接续流二极管调试

① 将与二极管串联的开关拨到"通"。

② 观察负载两端波形并记录输出电压大小。调节电位器 RP_1，使控制角 $\alpha = 30°$、$60°$、$90°$、$120°$（在每一控制角时，可保持电感量不变，改变 R 的电阻值，**注意电流不要超过 1A**），观察 u_d 的波形，并记录波形及输出电压 U_d 值。

4. 任务实施标准

序号	内容	配分	等级	评分细则	得分
1	接线	15	15	每接错 1 根扣 5 分，二极管接反扣 10 分	
2	示波器使用	10	10	使用错误 1 次扣 5 分	
3	不接 VD 电路调试	15	5	调试过程错误 1 处扣 5 分	
			10	参数记录，每缺 1 项扣 2 分	
4	接 VD 电路调试	30	15	测试过程错误 1 次扣 5 分	
			15	参数记录，每缺 1 项扣 2 分	
5	操作规范	20	20	违反操作规程 1 次扣 10 分，元件损坏 1 个扣 10 分，烧保险 1 次扣 5 分	
6	现场整理	10	10	经提示后能将现场整理干净扣 5 分；不合格，本项 0 分	
				合　计	

二、任务结束

任务结束后，**请确认电源已经断开**，整理清扫场地。

三、任务思考

1. 单相半波可控整流电路电阻负载 $R = 10\Omega$，输入电压 $U_2 = 220\text{V}$，试求：当控制角分别为 $\alpha = 0°$ 和 $\alpha = 30°$ 时输出电压和负载的电流。

2. 单相半波可控整流电路带电阻性负载，要求输出的直流平均电压为 52～92V 且连续可调，最大输出直流平均电流为 30A，直接由交流电网 220V 供电，试求：

（1）控制角 α 应有的可调范围；

（2）负载电阻的最大有功功率及最大功率因数；

（3）选择晶闸管型号规格（安全裕量取 2 倍）。

3. 画出当 $\alpha = 30°$ 时单相半波可控整流电路在以下两种情况下的 u_d、i_T 及 u_T 波形：

（1）大电感负载不接续流二极管；

（2）大电感负载接续流二极管。

4. 具有续流二极管的单相半波可控整流电路对大电感负载供电，其阻值 $R = 10\Omega$，电源电压为 220V，试计算当控制角 $\alpha = 30°$ 和 60° 时，晶闸管和续流二极管的电流平均值和有效值。在什么情况下续流二极管中的电流平均值大于晶闸管中的电流平均值？

5. 单相半波可控整流电路带大电感负载接续流二极管，电源电压为 220V，负载电阻 $R = 10\Omega$，要求输出整流电压平均值为 0～30V 连续可调。试求控制角 α 的范围。选择晶闸管型号并计算变压器的副边容量。

6. 某单相半波可控整流电路，如门极不加触发脉冲、晶闸管内部短路、晶闸管内部电极断开，试分析上述三种情况下晶闸管和负载两端波形。

7. 在主电路没有整流变压器，用示波器观察主电路各点波形时，务必采取什么措施？用双踪示波器同时观察电路两处波形时，应注意什么问题？

8. 单相半波可控整流电路接大电感负载，为什么必须接上续流二极管电路才能正常工作？

（　项目总结　）

本项目主要的任务是晶闸管、单结晶体管电路、调光灯电路的设计制作与调试，通过项目操作完成了晶闸管器件质量的鉴别、单结晶体管构成的自激振荡电路连接及调试工作，为后续学习单相桥式全控整流调压调速电路的设计及制作，奠定了一定的触发控制基础。

 **项目提升** 脉冲变压器功能

在触发电路的输出级中常采用脉冲变压器，常见脉冲变压器如图 1-74 所示。其主要作用是：

① 阻抗匹配，降低脉冲电压，增大输出电流，更好地触发晶闸管；

② 可改变脉冲正负极性或同时送出两组独立脉冲；

③ 将触发电路与主电路在电气上隔离，有利于防干扰，更安全。

图 1-74　常见脉冲变压器

 **项目实战**

实战一　SCR 的测试

一、实战目的

① 会用 MF47 型指针式万用表检测 SCR 的好坏。

② 会用 MF47 型指针式万用表检测 SCR 的质量。

二、实战器材

MF47 型指针式万用表，螺栓式、平板式、塑封式 SCR。

三、实战内容

① MF47 型指针式万用表的使用。

② 用 MF47 型指针式万用表检测 SCR：螺栓式 SCR 检测、平板式 SCR 检测、塑封式 SCR 检测。

四、实战考核标准

考核内容	配分	考核评分标准		扣分	得分
MF47 型指针式万用表的使用	30	1.使用前的准备工作没进行 2.读数不正确 3.操作错误 4.由于操作不当导致万用表损坏	扣 5 分 扣 15 分 每处扣 5 分 扣 20 分		
检测 SCR 的质量	70	1.使用前的准备工作没进行 2.检测挡位不正确 3.操作错误 4.由于操作不当导致器件损坏	扣 5 分 扣 15 分 每处扣 5 分 扣 30 分		
安全文明生产		违反安全生产规程视现场具体违规情况扣分			
实战总分					

实战二　SCR 导通关断条件测试

一、实战目的

① 会用 MF47 型指针式万用表测试 SCR 的质量。

② 用 MF47 型指针式万用表测试 SCR 导通和关断数据。

二、实战器材

MF47 型指针式万用表，螺栓式、平板式、塑封式 SCR。

三、实战内容

① MF47 型指针式万用表的使用。

② 测试 SCR 导通条件：

a.晶闸管阳极接反向电压，门极接反向电压，观察灯泡是否亮；

b.晶闸管阳极接反向电压，门极电压为零，观察灯泡是否亮；

c.晶闸管阳极接反向电压，门极接正向电压，观察灯泡是否亮；

d.晶闸管阳极接正向电压，门极接反向电压，观察灯泡是否亮；

e.晶闸管阳极接正向电压，门极电压为零，观察灯泡是否亮；

f.晶闸管阳极接正向电压，门极接正向电压，观察灯泡是否亮。

③ 测试 SCR 关断条件：

a.晶闸管阳极接正向电压，门极电压为零，观察灯泡是否熄灭；

b.晶闸管阳极接正向电压，门极电压为反向电压，观察灯泡是否熄灭；

c.断开门极，观察灯泡是否熄灭。

四、实战考核标准

考核内容	配分	考核评分标准	扣分	得分
MF47 型指针式万用表的使用	30	1.使用前的准备工作没进行　　　　　　　　　扣 5 分 2.读数不正确　　　　　　　　　　　　　　扣 15 分 3.操作错误　　　　　　　　　　　　　　每处扣 5 分 4.由于操作不当导致万用表损坏　　　　　　扣 20 分		
检测 SCR 的导通与关断条件	70	1.使用前的准备工作没进行　　　　　　　　　扣 5 分 2.检测挡位不正确　　　　　　　　　　　　扣 15 分 3.操作错误　　　　　　　　　　　　　　每处扣 5 分 4.由于操作不当导致器件损坏　　　　　　　扣 30 分		
安全文明生产	违反安全生产规程视现场具体违规情况扣分			
实战总分				

实战三　单结晶体管（BT33、BT35）的测试

一、实战目的

① 会用 MF47 型指针式万用表测试单结晶体管（BT33、BT35）的质量。

② 会用 MF47 型指针式万用表测试单结晶体管（BT33、BT35）的管脚极性。

二、实战器材

MF47 型指针式万用表、单结晶体管（BT33、BT35）。

三、实战内容

① MF47 型指针式万用表的使用。

② 用 MF47 型指针式万用表测量单结晶体管的管脚极性。

四、实战考核标准

考核内容	配分	考核评分标准		扣分	得分
MF47 型指针式万用表的使用	30	1. 使用前的准备工作没进行 2. 读数不正确 3. 操作错误 4. 由于操作不当导致仪表损坏	扣 5 分 扣 15 分 每处扣 5 分 扣 20 分		
MF47 型指针式万用表检测单结晶体管的管脚	70	1. 使用前的准备工作没进行 2. 检测挡位不正确 3. 操作错误 4. 由于操作不当导致器件损坏	扣 5 分 扣 15 分 每处扣 5 分 扣 30 分		
安全文明生产		违反安全生产规程视现场具体违规情况扣分			
实战总分					

实战四　单结晶体管触发电路的维调

一、实战目的

① 会用 MF47 型指针式万用表测试单结晶体管（BT33、BT35）的质量。

② 会用慢速扫描示波器检测单结晶体管触发电路各点的波形。

二、实战器材

MF47 型指针式万用表、单结晶体管（BT33、BT35）。

三、实战内容

① MF47 型指针式万用表、慢扫描示波器的使用。

② 用慢速扫描示波器检测单结晶体管触发电路各点的波形。

四、实战考核标准

考核内容	配分	考核评分标准		扣分	得分
MF47 型指针式万用表、慢速扫描示波器的使用	30	1. 使用前的准备工作没进行 2. 读数不正确 3. 操作错误 4. 由于操作不当导致仪器仪表损坏	扣 5 分 扣 15 分 每处扣 5 分 扣 20 分		
用慢速扫描示波器检测单结晶体管触发电路各点的波形	70	1. 使用前的准备工作没进行 2. 检测挡位不正确 3. 操作错误 4. 由于操作不当导致器件损坏	扣 5 分 扣 15 分 每处扣 5 分 扣 30 分		
安全文明生产		违反安全生产规程视现场具体违规情况扣分			
实战总分					

实战五　单相半波可控整流电路（电阻性）负载的维调

一、实战目的

① 会用 MF47 型指针式万用表测试单结晶体管（BT33、BT35）、SCR 的质量。

② 会用慢速扫描示波器测试单结晶体管触发电路、SCR 输出的波形。

二、实战器材

MF47 型指针式万用表、单结晶体管（BT33、BT35）、SCR 等。

三、实战内容

① MF47 型指针式万用表、慢速扫描示波器的使用。

② 用慢速扫描示波器检测单结晶体管触发电路、晶闸管输出的波形、调光灯电路的调试。

四、实战考核标准

考核内容	配分	考核评分标准		扣分	得分
MF47 型指针式万用表、慢速扫描示波器的使用	30	1. 使用前的准备工作没进行 2. 读数不正确 3. 操作错误 4. 由于操作不当导致仪器仪表损坏	扣 5 分 扣 15 分 每处扣 5 分 扣 20 分		
用慢速扫描示波器检测单结晶体管触发电路、晶闸管输出的波形，调光灯电路的调试	70	1. 使用前的准备工作没进行 2. 检测挡位不正确 3. 操作错误 4. 由于操作不当导致器件损坏	扣 5 分 扣 15 分 每处扣 5 分 扣 30 分		
安全文明生产		违反安全生产规程视现场具体违规情况扣分			
实战总分					

实战六　单相半波可控整流电路（电感性）负载的维调

一、实战目的

① 会用 MF47 型指针式万用表测试单结晶体管（BT33、BT35）、SCR、VD 的质量。

② 会用慢速扫描示波器测试单结晶体管触发电路、SCR 输出的波形。

二、实战器材

MF47 型指针式万用表、单结晶体管（BT33、BT35）、SCR、VD 等。

三、实战内容

① MF47 型指针式万用表、慢速扫描示波器的使用。

② 测试单结晶体管触发电路、SCR 输出的波形、单相半波可控整流电路（电感性）负载调试。

四、实战考核标准

考核内容	配分	考核评分标准		扣分	得分
MF47 型指针式万用表、慢速扫描示波器的使用	30	1. 使用前的准备工作没进行 2. 读数不正确 3. 操作错误 4. 由于操作不当导致仪器仪表损坏	扣 5 分 扣 15 分 每处扣 5 分 扣 20 分		
测试单结晶体管触发电路、SCR 输出的波形、单相半波可控整流电路电感性负载调试	70	1. 使用前的准备工作没进行 2. 检测挡位不正确 3. 操作错误 4. 由于操作不当导致器件损坏	扣 5 分 扣 15 分 每处扣 5 分 扣 30 分		
安全文明生产		违反安全生产规程视现场具体违规情况扣分			
实战总分					

五、实践互动

注意：完成以下实践互动，需要先扫描下方二维码下载项目一实践互动资源。

① 螺栓式晶闸管管脚测试。

② 平板式晶闸管管脚测试。

③ 塑封式晶闸管管脚测试。

④ 单结晶体管触发电路的调试。

⑤ 单结晶体管电极判别。

⑥ 单结晶体管质量测试。

项目一　实践
互动资源

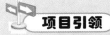

项目二

单相桥式全控整流电路的设计及制作

项目引领

公司为王好强等员工培训开关电源设备等电力电子技术方面技术，使其掌握单相桥式全控整流电路可以实现调速等功能的方法。由此掌握触发电路：单结晶体管触发电路、锯齿波同步触发电路。

项目目标

① 通过单相桥式全控整流电路的设计，熟练掌握单相桥式全控整流电路组成、工作原理。
② 能进行单相桥式全控整流电路主要器件的选取。
③ 会安装和调试单相桥式全控整流电路。
④ 掌握锯齿波触发电路的调试方法。
⑤ 通过项目的制作与调试，使团队传承北大荒精神、东北抗联精神、铁人精神、劳模精神，具备艰苦创业素质。

▶ 任务一 单相桥式全控整流电路的设计

【任务分析】

通过完成本任务，使学生掌握单相桥式全控整流电路的组成、工作原理及设计计算等。

【知识链接】

一、同步信号为锯齿波触发电路

同步信号为锯齿波的触发电路如图 2-1 所示，工作波形如图 2-2 所示。锯齿波触发电路由锯齿波形成、同步移相环节与脉冲放大两部分组成，具有强触发、双脉冲和脉冲封锁功能。由于采

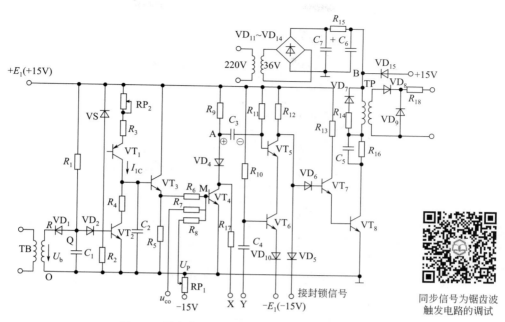

图 2-1 同步信号为锯齿波的触发电路

用锯齿波作为同步电压，不受电网波动影响，在中大容量晶闸管系统中广泛应用。

1. 锯齿波的形成与同步移相环节的构成

（1）锯齿波的形成

① 如图 2-3 所示，锯齿波的形成是由 VT_1、VT_2、VT_3、C_2 等元器件构成的，其中 VT_1、VS、RP_2 和 R_3 是一恒流源电路。当 VT_2 截止时，恒流源电流 I_{1C} 对 C_2 充电。

② 当 VT_2 导通，因 R_4 阻值小，C_2 迅速放电，使得 u_{b3} 电位迅速降为 0，如图 2-4 所示放电电流。

③ 当 VT_2 周期性导通与关断，u_{b3} 可形成一锯齿波，同理，u_{e3} 也是一锯齿波电压，射极跟随器 VT_3 的作用是减小控制回路的电流对锯齿波电压的影响。因此，调节电位器 RP_2，可以改变 C_2 的恒定充电电流 I_{1C}，可以调节锯齿波斜率。

（2）同步移相环节的构成

VT_4 基极电位由控制电压 u_{co}、直流偏移电压 u_p、锯齿波电压 u_h 构成。

① $u_{co}=0$，u_p 为负值，u_{b4} 点的波形由 u_h+u_p 决定。

② u_{co} 为正值，u_{b4} 点的波形由 $u_h+u_p+u_{co}$ 决定。

③ $u_{b4}=0.7V$，VT_4 导通，VT_4 经过 M 点（图 2-2）时使电路输出脉冲。

④ u_{b4} 一直被钳位 0.7V。

⑤ M 点是 VT_4 由截止到导通的转折点。

当 u_p 为固定值，改变 u_{co} 可以改变脉冲产生的时刻。因此，加入 u_p 是为了确定控制电压 $u_{co}=0$ 时脉冲的初始相位。

2. 同步环节

（1）构成

由同步变压器 TB 和晶体管 VT_2 构成，其中 VT_2 起到同步开关作用，如图 2-4 所示。

（2）工作原理

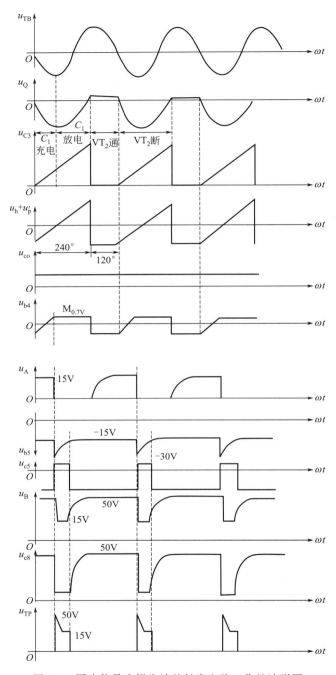

图 2-2 同步信号为锯齿波的触发电路工作的波形图

① 同步变压器 TB 副边电压经二极管 VD_1 加在 VT_2 的基极上，当副边电压波形在负半周的下降段时，VD_1 导通，电容 C_1 被充电。

② 由于 O 点电位为零，R 与 Q 点为负电位，VT_2 基极因反向偏置截止。

③ 在负半周上升阶段，+15V 电源经 R_1 对 C_1 反向充电，VD_1 截止。

④ 当 Q 点电位达到 1.4V 时，VT_2 导通，Q 点电位被钳位 1.4V。

⑤ 当 TB 副边电压的下一个负半周到来时，VD_1 重新导通，C_1 迅速放电后又被充电，

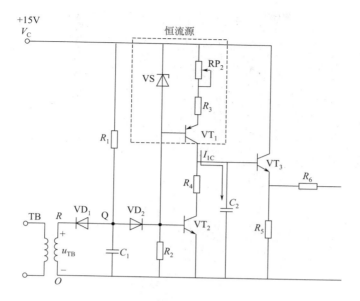

图 2-3　恒流源电流 I_{1C} 对 C_2 充电

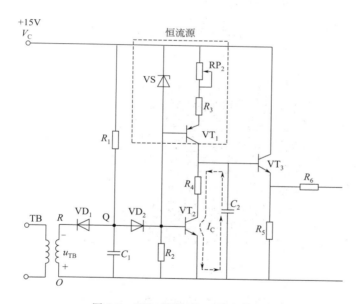

图 2-4　VT_2 导通时 C_2 放电情况

VT_2 截止，循环反复。

在一个正弦周期内，VT_2 经历了截止和导通两个状态，产生了锯齿波波形，且与主电路电源频率和相位同步。Q 点电位从同步电压负半周上升段开始到达 1.4V 的时间越长，导致 VT_2 截止时间越长，锯齿波就越宽，充电时间为 R_1C_1，可达 240°。

3. 脉冲形成放大环节

（1）构成

脉冲形成由 VT_4、VT_5 构成，脉冲放大电路由 VT_7、VT_8 构成，如图

同步信号为锯齿波
触发电路的其他
环节

2-5 所示。

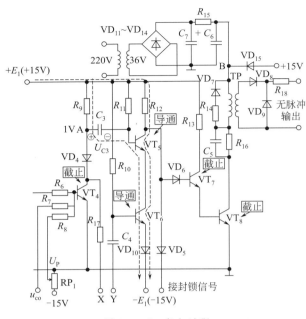

图 2-5　C_3 充电过程

（2）工作原理

① 控制电压 u_{co} 加在 VT_4 基极上，$u_{co}=0$ 时，VT_4 截止，VT_5 饱和导通，VT_7、VT_8 处于截止，脉冲变压器 TP 二次侧没有脉冲输出，如图 2-5 所示。

② 电容 C_3 充电，充电电容电压为 $2E_1=30V$，如图 2-5 所示。

③ 当 VT_4 导通，A 点电位由 $+15V$ 下降到 $1.0V$ 时，电容 C_3 的端电压不能突变，VT_5 基极电位迅速降为 $-2E_1$，VT_5 截止，如图 2-6 所示。

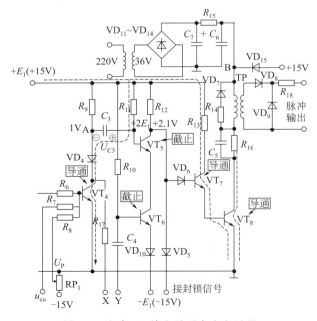

图 2-6　电容 C_3 放电及反向充电过程

④ VT_5 集电极电压由 $-E_1$ 上升到钳位电压 $+2.1V = (VD_6 + VT_7 + VT_8)$ 的正向压降，VT_7、VT_8 导通，脉冲变压器 TP 副边侧输出触发脉冲，如图 2-6 所示。

⑤ 电容 C_3 经 $+15V$、R_{11}、VD_4、VT_4 放电及反向充电，如图 2-6 所示。

⑥ VT_5 基极电位上升，直到 $u_{b5} > -E_1$（$-15V$），VT_5 重新导通，如图 2-6 所示。

⑦ VT_7、VT_8 截止，输出脉冲截止，如图 2-6 所示。

⑧ 输出脉冲前沿由 VT_4 导通时刻确定，脉冲宽度与 $R_{11}C_3$ 有关。

4. 双窄脉冲形成环节

（1）构成

VT_5、VT_6 构成"或"门，当 VT_5、VT_6 都导通时，VT_7、VT_8 都截止，无脉冲输出；当 VT_5、VT_6 有一个导通时，VT_7、VT_8 都导通，有脉冲输出，如图 2-6 所示。

（2）工作原理

① 第一个脉冲由本相触发单元的 u_{co} 对应的触发角产生，使 VT_4 导通、VT_5 截止，此时 VT_8 输出脉冲。

② 第二个脉冲由滞后 $60°$ 相位的后一相触发单元通过 VT_6 产生，当第一个脉冲产生时将该信号引到本相触发单元的基极，使得 VT_6 截止，导致本相触发单元 VT_8 管导通，第二次输出一个脉冲，此时得到间隔 $60°$ 的双脉冲。

③ VD_4 及 R_{17} 的作用：防止双脉冲信号之间的干扰。

④ 对于三相桥式全控整流电路，电源三相 U、V、W 为正相序时，6 只晶闸管的触发顺序为 $VT_1 \rightarrow VT_2 \rightarrow VT_3 \rightarrow VT_4 \rightarrow VT_5 \rightarrow VT_6$，彼此间隔 $60°$。为了得到双脉冲，6 块触发板的 X、Y 可按图 2-7 所示方式连接，即后相的 X 端与前相的 Y 端相连。

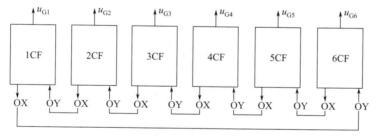

图 2-7　双脉冲实现的连接示意图

⑤ 使用时应注意：使用该触发电路的晶闸管装置，三相电源的相序是确定的，在安装使用时，应先测定电源的相序，进行正确的连接。如果电源的相序接反了，装置将不能正常工作。

5. 强触发环节

（1）构成

单相桥式整流获得近似 $50V$ 直流电压为电源，如图 2-6 所示。

（2）工作原理

① VT_8 未导通时，$50V$ 直流电源经过 R_{15} 对 C_6 充电，B 点电位 $= 50V$。

② VT_8 导通时，经脉冲变压器 TP 原边、R_{16}、VT_8 放电，由于放电时间短（电阻小），B 点电位迅速下降，当电位下降到 $14.3V$ 时，VD_{15} 导通，脉冲变压器 TP 改为 $+15V$ 稳压电源供电。

③ 此时 $50V$ 直流电源也向 C_6 再次充电使其电压回升，由于充电回路时间常数较大，导致 B 点电位只能被 $15V$ 电源钳位在 $14.3V$。

④ 电容 C_5 作用：提高强触发脉冲前沿。

二、西门子 TCA785 集成触发电路

TCA785 是德国西门子公司于 1988 年前后开发的第三代晶闸管单片移相触发集成电路，具有温度适用范围宽、对过零点时识别更加可靠、输出脉冲的整齐度更好、移相范围宽等优点，可手动自由调节输出脉冲的宽度。

西门子TCA785的介绍

1. 西门子 TCA785 介绍

（1）西门子 TCA785 引脚

TCA785 采用标准的双列直插式 16 引脚（DIP-16）封装，它的引脚排列如图 2-8 所示。

① 引脚 16（V_S）电源端。使用中直接接用户，为该集成电路工作提供的工作电源正端。

② 引脚 1（Q_S）接地端。应用中与直流电源 V_S、同步电压 V_{SYNC} 及移相控制信号 V_{11} 的地端相连接。

③ 引脚 4（$\overline{Q_1}$）和引脚 2（$\overline{Q_2}$）输出脉冲 1 与 2 的非端。两端输出宽度变化的脉冲信号，相位互差 180°，两路脉冲的宽度受非脉冲宽度控制端引脚 13（L）的控制。高电平最高幅值为电源电压 U_S，允许最大负载电流为 10mA。

④ 引脚 14（Q_1）和引脚 15（Q_2）输出脉冲 1 和 2 端。两端可输出宽度变化的脉冲，相位同样互差 180°，脉冲宽度受脉宽控制端（引脚 12）的控制，两路脉冲输出高电平的最高幅值为 U_S。

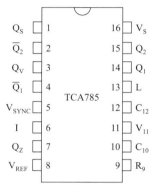

图 2-8 西门子 TCA785 的引脚排列

⑤ 引脚 13（L）非输出脉冲宽度控制端。该端允许施加电平的范围为 $-0.5V \sim U_S$。当接地时，$\overline{Q_1}$、$\overline{Q_2}$ 为最宽脉冲输出，而当接电源电压 V_S 时，$\overline{Q_1}$、$\overline{Q_2}$ 为最窄脉冲输出。

⑥ 引脚 12（C_{12}）输出 Q_1、Q_2 的脉宽控制端。应用时电容 C_{12} 的电容量范围为 150～4700pF，当 C_{12} 在 150～1000pF 变化时，Q_1、Q_2 输出脉冲的宽度亦在变化，该输出窄脉冲的最窄宽度为 100μs，输出宽脉冲的最宽宽度为 2000μs。

⑦ 引脚 11（V_{11}）输出脉冲及 Q_1、Q_2 移相控制直流电压输入端。应用时，通过输入电阻接用户控制电路输出，当 TCA785 工作于 50Hz，且自身工作电源电压 U_S 为 15V 时，则该电阻的典型值为 15kΩ，移相控制电压 U_{11} 的有效范围为 0.2～（U_S-2）V。当其在此范围内连续变化时，输出脉冲及 Q_1、Q_2 的相位便在整个移相范围内变化，其触发脉冲出现的时刻为

$$t_{rr} = \frac{V_{11} R_9 C_{10}}{U_{REF} K} \tag{2-1}$$

式中，R_9、C_{10}、U_{REF} 分别为连接到 TCA785 引脚 9 的电阻、引脚 10 的电容及引脚 8 输出的基准电压；K 为常数，作用为降低干扰。

引脚 11 通过 0.1μF 的电容接地，通过 2.2μF 的电容接正电源。

⑧ 引脚 10（C_{10}）外接锯齿波电容连接端。C_{10} 的使用范围为 500pF～1μF。

⑨ 引脚 9（R_9）锯齿波电阻连接端。该端的电阻 R_9 决定着 C_{10} 的充电电流，其充电电流可按下式计算：

$$I_{10} = U_{REF} K / R_9 \tag{2-2}$$

连接于引脚 9 的电阻亦决定了引脚 10 锯齿波电压幅值的高低，锯齿波幅值为

$$U_{10} = U_{REF} Kt/(R_9 C_{10}) \tag{2-3}$$

电阻 R_9 的应用范围为 3～300kΩ。

⑩ 引脚 8（V_{REF}） TCA785 自身输出的高稳定基准电压端。随着 TCA785 应用的工作电源电压 U_S 及其输出脉冲频率的不同，U_{REF} 的变化范围为 2.8～3.4V，当 TCA785 应用的工作电源电压为 15V，输出脉冲频率为 50Hz 时，U_{REF} 的典型值为 3.1V。不需要 V_{REF}，该端开路。

⑪ 引脚 7（Q_Z）和引脚 3（Q_V） TCA785 输出的两个逻辑脉冲信号端。高电平脉冲幅值最大为 $(U_S - 2)$V，高电平最大负载能力为 10mA。Q_Z 为窄脉冲信号，其频率为输出脉冲 $\overline{Q_2}$ 与 $\overline{Q_1}$ 或 Q_1 与 Q_2 的 2 倍，是 $\overline{Q_2}$ 与 $\overline{Q_1}$ 或 Q_2 与 Q_2 的或信号，$\overline{Q_V}$ 为宽脉冲信号，宽度为移相控制角 $\varphi + 180°$，它与 $\overline{Q_1}$、$\overline{Q_2}$ 或 Q_1、Q_2 同步，频率与 Q_1、Q_2 或 $\overline{Q_1}$、$\overline{Q_2}$ 相同。该两逻辑脉冲信号可用来提供控制电路作为同步信号或其他用途的信号，不用时两端开路。

⑫ 引脚 6（I） 脉冲信号禁止端。该端的作用是封锁 Q_1、Q_2 的输出脉冲，通过阻值 10kΩ 的电阻接地或接正电源，施加的电压为 -0.5V～U_S。当该端通过电阻接地或该端电压低于 2.5V 时，则封锁功能起作用，输出脉冲被封锁；而该端通过电阻接正电源或该端电压高于 4V 时，则封锁功能不起作用。该端允许低电平最大灌电流为 0.2mA，高电平最大拉电流为 0.8mA。

⑬ 引脚 5（V_{SYNC}） 同步电压输入端。需对地端接两个正、反向并联的限幅二极管。随着该端与同步电源之间所接电阻阻值的不同，同步电压可以取不同的值。当所接电阻为 200kΩ 时，同步电压可直接取交流 220V。

（2）西门子 TCA785 内部结构

TCA785 的内部结构框图如图 2-9 所示，主要由过零检测电路、同步寄存器、锯齿波产生电路、基准电源电路、放电监视比较器、移相比较器、定时控制与脉冲控制电路、逻辑运算及功放电路组成。

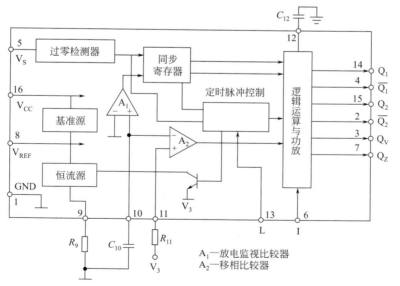

西门子TCA785的
内部结构

图 2-9　西门子 TCA785 内部结构框图

锯齿波电路由内部的恒流源、放电晶体管和外接的 R_9、C_{10} 等组成。

恒流源的输出电流由电阻 R_9 决定，该电流对电容 C_{10} 充电。充电电流恒定，C_{10} 两端

可形成线性度极佳的锯齿波电压。

定时控制电路输出脉冲到放电晶体管的基极，该输出脉冲为低电平时，放电管截止，恒流源对 C_{10} 充电。定时电路输出脉冲为高电平时，放电管导通，C_{10} 通过放电管放电。定时控制电路输出脉冲的频率为同步信号频率的 2 倍，所以同步信号经过半个周期，C_{10} 两端就产生一个锯齿波电压，波形如图 2-10 所示。

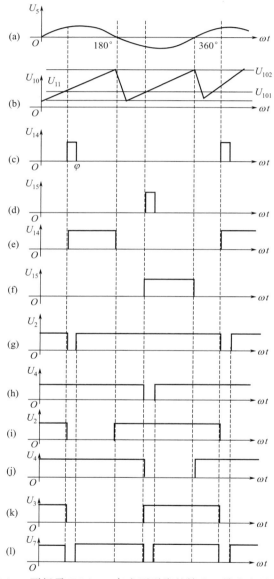

图 2-10　西门子 TCA785 各主要引脚的输入、输出电压波形

（a）引脚 5 同步电压 U_5 波形；（b）引脚 10 锯齿波电压 U_{10} 及引脚 11 移相控制电压 U_{11}（U_{101} 为最小锯齿波电压，U_{102} 为最大锯齿波电压）；（c）引脚 12 接电容时引脚 14 波形；（d）引脚 12 接电容时 15 脚波形；（e）引脚 12 接地时引脚 14 波形；（f）引脚 12 接地时引脚 15 波形；（g）引脚 13 接地时引脚 2 波形；（h）引脚 13 接地时引脚 4 波形；（i）引脚 13 接 V_S 时引脚 2 波形；（j）引脚 13 接 V_S 时引脚 4 波形；（k）引脚 $3Q_V$ 波形；（l）引脚 $7Q_Z$ 波形

锯齿波电压加到移相比较器的反相端，与加到同相端的移相控制电压比较。

锯齿波电压也加到放电监控比较器的同相端。

过零检测电路把正弦波同步信号变换成频率相同的、占空比为 50% 的方波信号。该方波信号经同步寄存器变换后，可直接送入后级的逻辑运算电路。

定时控制电路的作用是为锯齿波产生器和移相比较器提供周期性的放电脉冲，使放电晶体管交替导通和截止。

逻辑运算电路对前几级输出信号进行逻辑运算，产生 $\overline{Q_1}$、$\overline{Q_2}$、Q_1、Q_2、Q_Z、Q_V 等信号，各输出信号的波形如图 2-10 所示。

2. 西门子 TCA785 集成触发电路

（1）西门子 TCA785 集成触发电路组成

西门子 TCA785 集成触发电路如图 2-11 所示。

同步信号从集成触发器 TCA785 的引脚 5 输入，"过零检测"对同步电压信号进行检测，当检测到同步信号过零时，信号送"同步寄存器"，"同步寄存器"输出控制锯齿波发生电路。

西门子TCA785
集成触发电路

锯齿波的斜率由引脚 9 外接电阻和引脚 10 外接电容决定，输出脉冲宽度由引脚 12 外接电容的大小决定。

引脚 14、15 输出对应负半周和正半周的触发脉冲，移相控制电压从引脚 11 输入。

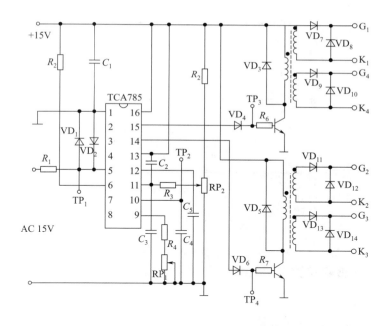

图 2-11　西门子 TCA785 基础触发电路原理图

（2）西门子 TCA785 集成触发电路工作原理及波形分析

① 电位器 RP_1 调节锯齿波的斜率，电位器 RP_2 则调节输入的移相控制电压，调节晶闸管控制角。

② 脉冲从引脚 14、15 输出，输出的脉冲恰好互差 180°，各点波形如图 2-12 所示（$\alpha = 90°$）。

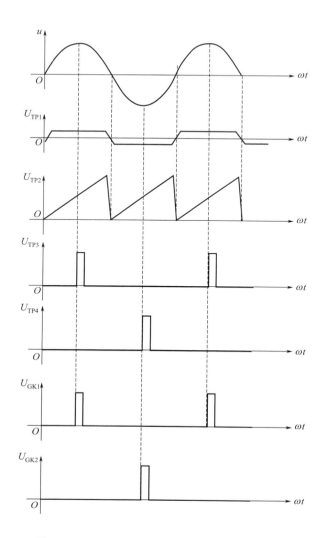

图 2-12　TCA785 集成触发电路的各点电压波形

三、KC01 集成触发器

1. 构成特点

KC01 集成触发器采用双列直插 18 脚封装形式，由锯齿波形成环节、移相与偏置综合比较放大环节、脉冲宽度调节环节这三个环节组成。

2. 工作原理

外部接线图如图 2-13 所示。

改变 R_1、R_2 的比例，调节偏移电压 U_b，再调节锯齿波电位器 RP_1，可调节不同移相电压 U_c 的移相范围。U_c 电压上升，α 下降，输出平均电压降低。KC01 集成触发器引脚对应电压波形如图 2-14 所示。

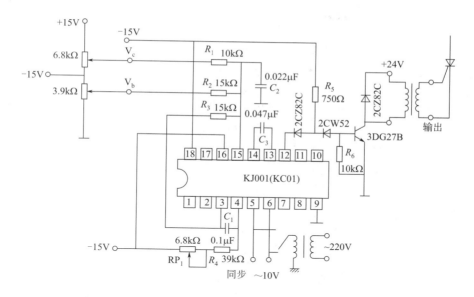

图 2-13 KC01 集成触发器外部接线图

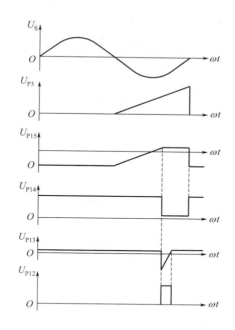

图 2-14 KC01 集成触发器引脚对应电压波形

【任务实施】

触发电路调试可以选做锯齿波同步触发电路调试或西门子 TCA785 集成触发电路调试。

一、任务实施

（一）锯齿波同步触发电路调试

1. 所需仪器设备

① DJDK-1 型电力电子技术及电机控制实验装置（含 DJK01 电源控制屏、DJK03-1 晶闸管触发电路）1 套。

② 示波器 1 台。

③ 螺钉旋具 1 把。

④ 万用表 1 块。

⑤ 导线若干。

2. 测试前准备

① 课前预习相关知识。

② 清点相关材料、仪器和设备。

③ 填写任务单测试前准备部分。

3. 操作步骤及注意事项

（1）接线

与单结晶体管触发电路接线相同。

（2）锯齿波同步触发电路调试

注意：主电路电压为 200V，测试时防止触电。

① 按下电源控制屏的"启动"绿色按钮，向右打开 DJK03-1 电源开关，这时挂件中所有的触发电路都开始工作。

② 用慢速扫描示波器观察锯齿波同步触发电路各点波形（图 2-15）。用慢速扫描示波器分别测试锯齿波同步触发电路的同步电压（～7V 上面端子）和 1、2、3、4、5、6 七个测试孔的波形。观察同步电压和"1"点的电压波形，了解"1"点波形形成的原因；观察"1""2"点的电压波形，了解锯齿波宽度和"1"点电压波形的关系；调节电位器 RP_1，观测"2"点锯齿波斜率的变化；观察"3""6"点电压波形，写调试过程记录各波形的幅值与宽度，并比较"3"点电压 U_3 和"6"点电压 U_6 的对应关系。

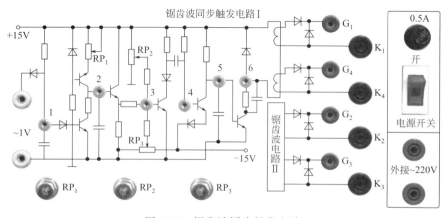

图 2-15　锯齿波同步触发电路

③ 调节脉冲的移相范围。将控制电压 U_{ct} 调至零（将电位器 RP$_2$ 顺时针旋到底），用示波器观察同步电压信号和"6"点处的波形，调节偏移电压 U_b（即调 RP$_3$ 电位器），使 $\alpha =$ 170°，其波形如图 2-16 所示。

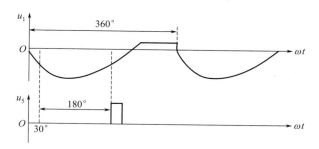

图 2-16　锯齿波同步移相触发电路

④ 调节 U_{ct}（即电位器 RP$_2$）使 $\alpha = 60°$，观察并记录 $U_1 \sim U_6$ 及输出波形"G""K"脉冲电压的波形，标出其幅值与宽度，并记录调试过程。

4. 实施评价标准

序号	内容	配分	等级	评分细则	得分
1	接线	5	5	接线错误 1 根扣 5 分	
2	慢速扫描示波器使用	20	20	使用错误 1 次扣 5 分	
3	锯齿波同步触发电路波形测调试	45	15	测试过程错误 1 处扣 5 分	
			15	参数记录，每缺 1 项扣 2 分	
			15	无波形分析扣 15 分，分析错误或不全酌情扣分	
4	操作规范	20	20	违反操作规程 1 次扣 10 分，元件损坏 1 个扣 10 分，烧保险 1 次扣 5 分	
5	现场整理	10	10	经提示后能将现场整理干净扣 5 分；不合格，本项 0 分	
				合　计	

（二）由 TCA785 构成的单相晶闸管触发电路调试

1. 所需仪器设备

① DJDK-1 型电力电子技术及电机控制实验装置（含 DJK01 电源控制屏、DJK03-1 晶闸管触发电路）1 套。

② 示波器 1 台。

③ 螺钉旋具 1 把。

④ 万用表 1 块。

⑤ 导线若干。

2. 测试前准备

① 课前预习相关知识。

② 清点相关材料、仪器和设备。

③ 填写任务单测试前准备部分。

3. 操作步骤及注意事项

（1）接线

与单结晶体管触发电路接线相同。

（2）单相晶闸管触发电路调试

注意：主电路电压为 200V，测试时防止触电。

① 按下电源控制屏的"启动"绿色按钮，向右打开 DJK03-1 电源开关，这时挂件中所有的触发电路都开始工作。

② 用慢速扫描示波器观察单相晶闸管触发电路各点波形（图 2-17）。用慢速示波器分别测试单相晶闸管触发电路的同步电压（～15V 上面端子）和 1、2、3、4 测试孔的波形。观察同步电压和"1"点的电压波形，了解"1"点波形形成的原因。观察"1""2"点的电压波形，了解锯齿波宽度和"1"点电压波形的关系。调节电位器 RP_1，观测"2"点锯齿波斜率的变化；调节电位器 RP_2，观察"3""4"点电压波形，写调试过程记录并记下各波形的幅值与宽度。

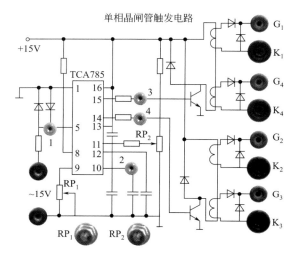

图 2-17 单相晶闸管触发电路

③ 调节 U_{ct}（即电位器 RP_2）使 $\alpha = 60°$，观察并记录 $U_1 \sim U_4$ 及输出波形"G""K"脉冲电压的波形，标出其幅值与宽度，并记录调试过程。

4. 实施评价标准

序号	内容	配分	等级	评分细则	得分
1	接线	5	5	接线错误 1 根扣 5 分	
2	慢速扫描示波器使用	20	20	使用错误 1 次扣 5 分	
3	单相晶闸管触发电路波形调试	45	15	测试过程错误 1 处扣 5 分	
			15	参数记录，每缺 1 项扣 2 分	
			15	无波形分析扣 15 分，分析错误或不全酌情扣分	
4	操作规范	20	20	违反操作规程 1 次扣 10 分，元件损坏 1 个扣 10 分，烧保险 1 次扣 5 分	
5	现场整理	10	10	经提示后能将现场整理干净扣 5 分；不合格，本项 0 分	
			合 计		

二、任务结束

操作结束后，拆除接线，整理操作台、断电，清扫场地。

三、任务思考

1. 触发电路中脉冲变压器的主要作用是＿＿＿＿＿＿＿＿＿＿＿＿＿＿＿＿＿＿＿＿。
2. 锯齿波同步触发电路具有＿＿＿＿＿＿＿＿＿等辅助环节。
3. 常用的晶闸管触发电路按同步信号的形式不同，分为＿＿＿＿＿＿＿＿＿。
4. 锯齿波触发电路主要由＿＿＿＿＿＿＿＿＿构成。
5. 锯齿波电路中输出脉冲的宽度由什么来决定？
6. TCA785 触发电路有哪些特点？TCA785 触发电路的移相范围和脉冲宽度与哪些参数有关？

▶ 任务二　单相桥式全控整流电路的制作

● ● ● 【任务分析】

通过完成本任务，使学生掌握单相桥式全控整流电路的安装与调试，并在电路安装与调试过程中，培养实践工作素养。

● ● ● 【知识链接】

单相半波整流电路只适应于对整流指标要求低、容量小、装置体积要求小、重量轻等技术要求不高的场合。为了克服这些缺点，采用单相桥式全控整流电路。单相桥式全控整流电路能使交流电源正、负半周都能输出同方向的直流电压，脉动小，可解决变压器次级线圈中存在直流电流分量造成铁芯直流磁化的问题，故应用广泛。

一、单相桥式全控整流电路电阻性负载

1. 电阻性负载电路结构

① 单相桥式全控整流电路由整流变压器，晶闸管 VT_1、VT_2 桥臂，晶闸管 VT_3、VT_4 桥臂及负载 R_d 组成，如图 2-18 所示。

② 晶闸管 VT_1 和 VT_3 的阴极接在一起，称为共阴极接法；VT_2 和 VT_4 的阳极接在一起，称为共阳极接法。

③ 变压器二次电压 u_2 接在桥臂的中点 a、b 端。

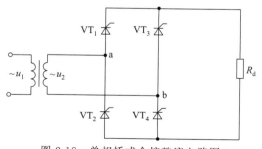

单相桥式全控整流
电路电阻性负载的
工作原理

图 2-18　单相桥式全控整流电路图

2. 电阻性负载电路工作原理

如图 2-19 所示为当 $\alpha＝30°$ 时负载两端电压 u_d 和晶闸管 VT_1 两端电压 u_{VT1} 波形。

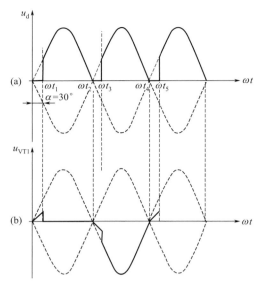

图 2-19 当 $\alpha = 30°$ 时负载两端电压 u_d 和晶闸管 VT_1 两端电压 u_{VT1} 波形

（a）负载两端电压 u_d 波形；（b）晶闸管 VT_1 两端电压 u_{VT1} 波形

（1）电源电压为正半周时工作情况

① 当电源电压 u_2 处于正半周区间时，a 端电位高于 b 端电位，此时晶闸管 VT_1 和 VT_4 承受正向电源电压，晶闸管 VT_3 和 VT_2 承受负向电源电压。

② 当 $\alpha = 30°$ 时，加入触发脉冲使得晶闸管 VT_1 和 VT_4 同时导通（忽略管压降），电源电压 u_2 全部加在负载电阻 R_d 两端，整流输出电压波形 u_d 与电源电压 u_2 正半周波形相同。

③ 电路中负载电流 i_d 从电源 a 端经 VT_1、电阻 R_d、VT_4 回到电源的 b 端，如图 2-20 所示。

④ VT_2 和 VT_3 则因为 VT_1 和 VT_4 的导通而承受反向的电源电压 u_2 不会导通。

⑤ 当电源电压 u_2 过零时（$\omega t = \pi$ 时刻），电流 i_d 降低为零，即两只晶闸管的阳极电流降低为零，故 VT_1 和 VT_4 会因电流小于维持电流而关断。

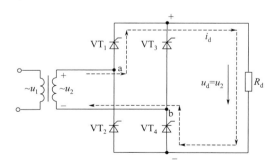

图 2-20 VT_1 和 VT_4 导通时输出电压和电流

（2）电源电压为负半周时工作情况

① 当电源电压 u_2 过零时（ωt_2 时刻），晶闸管 VT_1 和 VT_4 承受负向电源电压关断。

② 当电源电压 u_2 处于负半周区间时，b 端电位高于 a 端电位，此时晶闸管 VT_3 和 VT_2 承受正向电源电压，晶闸管 VT_1 和 VT_4 承受负向电源电压。

③ 当 $\alpha = 30°$ 时（ωt_3 时刻），加入触发脉冲使得晶闸管 VT_3 和 VT_2 同时导通（忽略管压降），电源电压 u_2 全部加在负载电阻 R_d 两端，整流输出电压波形 u_d 与电源电压 u_2 正半周波形相同。

④ 电路中负载电流 i_d 从电源 b 端经 VT_2、负载 R_d、VT_3 回到电源 a 端，如图 2-21 所示。

⑤ VT_1 和 VT_4 因为 VT_3 和 VT_2 的导通而承受反向的电源电压 u_2 不会导通。

⑥ 当电源电压 u_2 过零重新变正时（ωt_4 时刻），电流 i_d 降低为零，即两只晶闸管的阳极电流降低为零，故 VT_3 和 VT_2 会因电流小于维持电流而关断。

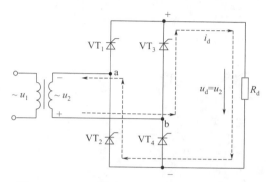

图 2-21　VT_2 和 VT_3 导通时输出电压和电流

（3）电源电压 u_2 过零重新变为 $\alpha = 30°$ 工作情况

① VT_1 和 VT_4 再次被触发导通，VT_3 和 VT_2 截止关断。

② 不断循环工作，在负载 R_d 两端得到脉动的直流电压输出。

3. 当 $\alpha = 30°$ 时负载两端电压 u_d 和晶闸管 VT_1 两端电压 u_{VT1} 波形分析

图 2-19（b）所示为 $\alpha = 30°$ 时晶闸管 VT_1 两端电压 u_{VT1} 波形。从图中可以看出一个周期内整个波形分为 4 部分。

① 在 $0 \sim \omega t_1$ 期间，电源电压 u_2 处于正半周，触发脉冲尚未触发，$VT_1 \sim VT_4$ 都处于截止状态，VT_1 和 VT_4 正向阻断，若 VT_1、VT_3 的漏电阻相等，电源电压 u_2 将全部加在 VT_1 和 VT_4 上，每个晶闸管承受电源电压的一半，即 $u_2/2$。

② 在 $\omega t_1 \sim \omega t_2$ 期间，晶闸管 VT_1 导通，忽略管压降，晶闸管两端的电压 $u_{VT1} = 0V$。

③ 在 $\omega t_2 \sim \omega t_3$ 期间，因 $VT_1 \sim VT_4$ 都处于截止状态，使得晶闸管 VT_1 承担电源电压的一半，即 $u_2/2$。

④ 在 $\omega t_3 \sim \omega t_4$ 期间，当晶闸管 VT_3 被触发导通后，VT_1 将承受的全部反向电压。

图 2-22～图 2-26 所示为 $\alpha = 30°$、$\alpha = 60°$、$\alpha = 90°$、$\alpha = 120°$、$\alpha = 0°$ 时负载两端电压 u_d 和晶闸管 VT_1 两端电压 u_{VT1} 实测波形。

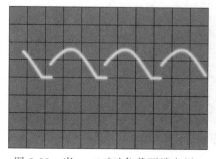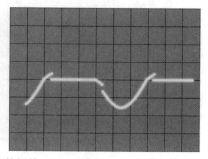

图 2-22　当 $\alpha = 30°$ 时负载两端电压 u_d 和晶闸管 VT_1 两端电压 u_{VT1} 实测波形

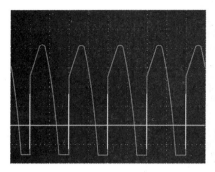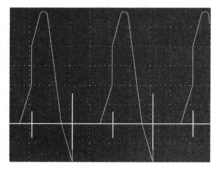

图 2-23　当 $\alpha=60°$ 时负载两端电压 u_d 和晶闸管 VT_1 两端电压 u_{VT1} 实测波形

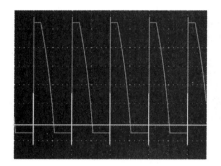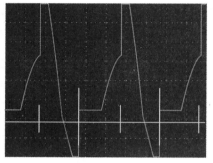

图 2-24　当 $\alpha=90°$ 时负载两端电压 u_d 和晶闸管 VT_1 两端电压 u_{VT1} 实测波形

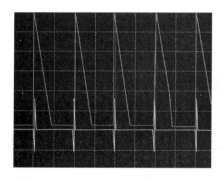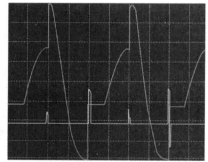

图 2-25　当 $\alpha=120°$ 时负载两端电压 u_d 和晶闸管 VT_1 两端电压 u_{VT1} 实测波形

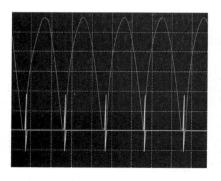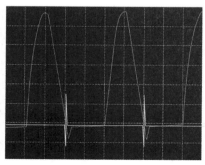

图 2-26　当 $\alpha=0°$ 时负载两端电压 u_d 和晶闸管 VT_1 两端电压 u_{VT1} 实测波形

由以上实测分析得出：

① 在单相全控桥式整流电路中，两组晶闸管（VT_1 与 VT_4，VT_2 与 VT_3）轮流导通，相位上互差 $180°$，将交流电转变成脉动的直流电；

② 电路移相范围为 $0°\sim180°$；

③ 晶闸管 VT_1、VT_3 的阴极接在一起，构成共阴极接法，VT_2、VT_4 的阳极接在一起，构成共阳极接法；

④ 晶闸管承受的最大反向电压为 $\sqrt{2}U_2$，承受的最大正向电压为 $\dfrac{\sqrt{2}}{2}U_2$。

4. 单相全控桥式整流电路电阻性负载参数计算

① 输出直流电压平均值及平均电流

$$U_d = 0.9U_2 \frac{1+\cos\alpha}{2} \tag{2-4}$$

$$I_d = \frac{U_d}{R_d} = \frac{0.9U_2}{R_d} \times \frac{1+\cos\alpha}{2} \tag{2-5}$$

当 $\alpha = 0°$ 时，$U_d = 0.9U_2$ 为最大值；当 $\alpha = \pi$ 时，$U_d = 0$ 为最小值。电路的移相范围为 $0°\sim180°$。

② 输出直流电压有效值及电流有效值　输出直流电压有效值是单相半波时的 $\sqrt{2}$ 倍，即

$$U = \sqrt{\frac{1}{\pi}\int_\alpha^\pi (\sqrt{2}U_2\sin\omega t)^2 \, d(\omega t)} = U_2\sqrt{\frac{1}{2\pi}\sin2\alpha + \frac{\pi-\alpha}{\pi}} \tag{2-6}$$

输出直流电流有效值

$$I = \frac{U_2}{R_d}\sqrt{\frac{1}{2\pi}\sin2\alpha + \frac{\pi-\alpha}{\pi}} \tag{2-7}$$

③ 流过晶闸管电流的平均值和有效值

$$I_{dT} = \frac{1}{2}I_d = \frac{0.45U_2}{R_d} \times \frac{1+\cos\alpha}{2} \tag{2-8}$$

流过晶闸管的电流有效值

$$I_T = \sqrt{\frac{1}{2\pi}\int_\alpha^\pi \left(\frac{\sqrt{2}U_2}{R_d}\sin\omega t\right)^2 d(\omega t)} = \frac{U_2}{R_d}\sqrt{\frac{1}{4\pi}\sin2\alpha + \frac{\pi-\alpha}{2\pi}} = \frac{1}{\sqrt{2}}I \tag{2-9}$$

④ 晶闸管承受的最大电压

$$U_{TM} = \sqrt{2}U_2 \tag{2-10}$$

⑤ 变压器二次电流有效值、功率因数　变压器二次电流有效值与输出直流电流有效值相等：

$$I_2 = I \tag{2-11}$$

$$\cos\phi = \frac{P}{S} = \frac{UI_2}{U_2I_2} = \sqrt{\frac{\pi-\alpha}{2\pi} + \frac{\sin2\alpha}{4\pi}} \tag{2-12}$$

不同控制角 α 所对应的 U_d/U_2、I_2/I_d 和 $\cos\phi$ 值如表 2-1 所示。

表 2-1　单相桥式全控整流电路的电流、电压比及功率因数与控制角 α 的关系

控制角 α	0°	30°	60°	90°	120°	150°	180°
U_d/U_2	0.90	0.84	0.676	0.45	0.226	0.06	0
$K_f = I_2/I_d$	1.11	1.17	1.33	1.57	1.97	2.82	—
$\cos\phi$	1.00	0.987	0.898	0.707	0.427	0.170	0

【例 2-1】　单相全控桥式整流电路，$U_2 = 110\text{V}$，电阻性负载 $R_d = 4\Omega$，要求 I_d 在 0～25A 之间变化，电路如图 2-18 所示，求：

（1）选择晶闸管的型号，以 2 倍裕量考虑；

（2）忽略变压器励磁功率，变压器应选多大容量？

（3）计算电阻 R_d 的功率；

（4）计算电路最大功率因数。

解：（1）查表 2-1 可知，当时电流额定波形系数 $K_f = 1.11$

$$I = K_f I_d = 1.11 \times 25 = 27.75 \text{(A)}$$

晶闸管额定电流 $I_{T(AV)} \geqslant \dfrac{I_T}{1.57} = \dfrac{I/\sqrt{2}}{1.57} \approx 12.5 \text{ (A)}$，考虑 2 倍裕量 $I_{T(AV)}$ 取 30A；

晶闸管的电压峰值 $U_{TM} = \sqrt{2} U_2 = \sqrt{2} \times 110 \approx 156 \text{ (V)}$，考虑 2 倍裕量 U_{TM} 取 400V；

所以选择晶闸管的型号为 KP30-4。

（2）$$S = U_2 I = 110 \times 27.75 \approx 3.05 \text{ (kV·A)}$$

（3）$$P_R = I^2 R_d = 27.75^2 \times 4 \approx 3.08 \text{ (kW)}$$

（4）$$\cos\phi = \frac{P_R}{S} = \frac{3.08}{3.05} \approx 1$$

二、单相桥式全控整流电路电感性负载

1. 不接续流二极管

（1）电路构成

单相桥式全控整流电路大电感负载电路如图 2-27 所示。在单相半波可控整流带大电感负载电路中，如果不接续流二极管，在电源电压过零变负时，电路波形会出现负面积。图 2-28 所示为控制角 $\alpha = 30°$ 时负载两端电压和晶闸管 VT_1 两端电压理论波形。

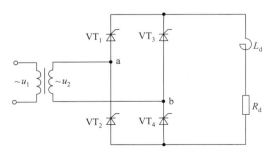

单相桥式全控整流
电路电感性负载
（不接续流二极管）

图 2-27　单相桥式全控整流电路大电感负载电路

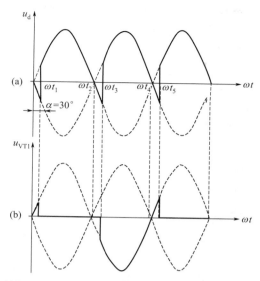

图 2-28　控制角 $\alpha=30°$ 时负载两端电压和晶闸管 VT_1 两端电压理论波形

（2）工作原理

① 当电源电压 u_2 为正半周时，当 $\alpha=30°$（ωt_1）时，由触发电路送出的触发脉冲 u_{g1}、u_{g4} 同时触发晶闸管 VT_1、VT_4 导通。

② 电源电压 u_2 加在负载两端，忽略管压降，整流输出电压 u_d 的波形同电源电压 u_2 正半周波形相同。

③ 电路中负载电流 i_d 从电源 a 端经 VT_1、负载 L_d、R_d、VT_4 回到电源 b 端，如图 2-29 所示。

④ 当电源电压 u_2 过零变负时（ωt_2），在 L_d 两端产生感应电动势 e_L，极性为上 "－"下 "＋"，且大于电源电压 u_2。

⑤ 在 e_L 作用下，负载电流方向不变，且大于管子 VT_1、VT_4 的维持电流，负载电压 u_d 出现负半周，将电感 L_d 中的能量返回电源电压，如图 2-30 所示。

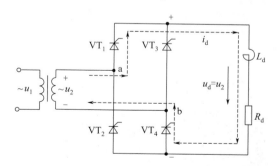

图 2-29　VT_1、VT_4 导通时输出电压与电流

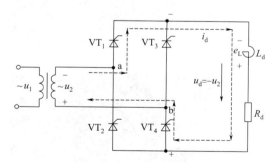

图 2-30　电源电压 u_2 过零变负，VT_1、VT_4 继续导通时输出电压与电流

⑥ 当电源电压 u_2 负半周控制角 $\alpha=30°$（ωt_3）时，触发电路发出触发脉冲 u_{g3}、u_{g2}，同时触发晶闸管 VT_3、VT_2 导通，VT_1、VT_4 因承受反压而关断，负载电流从 VT_1、VT_4 换流到 VT_3、VT_2，如图 2-31 所示。

⑦ 当电源电压 u_2 过零变正时（ωt_4）时，在 L_d 两端产生感应电动势 e_L，晶闸管维持导通状态，将电感 L_d 中的能量返回电源电压，直到晶闸管 VT_1、VT_4 再次被触发导通，如图 2-32 所示。

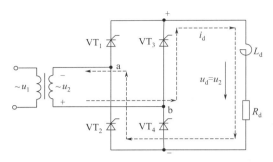 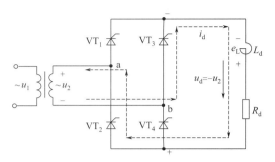

图 2-31 VT_3、VT_2 导通时输出电压与电流

图 2-32 电源电压 u_2 过零变正，VT_3、VT_2 继续导通时输出电压与电流

（3）当 $\alpha = 30°$ 时负载两端电压 u_d 和晶闸管 VT_1 两端电压 u_{VT1} 波形分析

① 单相全控桥式整流大电感负载电路中，每只晶闸管导通 180°，当 VT_1 导通时，忽略管压降，$u_{VT1} = 0$。

② 当晶闸管 VT_1 处于截止状态时，VT_3 导通，VT_1 承受全部的反向电源电压 u_2。

图 2-33～图 2-35 为当 $\alpha = 90°$、$\alpha = 60°$、$\alpha = 30°$ 时负载两端电压 u_d 和晶闸管 VT_1 两端电压 u_{VT1} 实测波形。

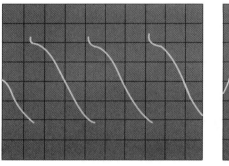 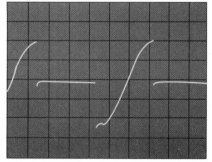

图 2-33 当 $\alpha = 90°$ 时负载两端电压 u_d 和晶闸管 VT_1 两端电压 u_{VT1} 实测波形

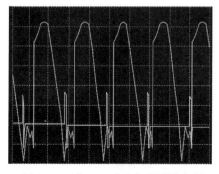 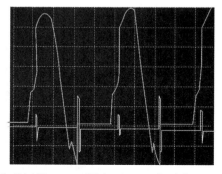

图 2-34 当 $\alpha = 60°$ 时负载两端电压 u_d 和晶闸管 VT_1 两端电压 u_{VT1} 实测波形

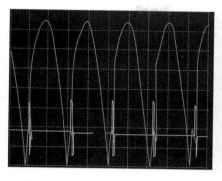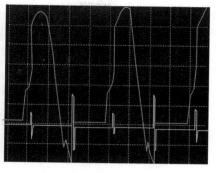

图 2-35　当 $\alpha=30°$ 时负载两端电压 u_d 和晶闸管 VT_1 两端电压 u_{VT1} 实测波形

由以上实测分析得出：

① 在 $\alpha=90°$ 时，负载电压波形的正负面积相等，平均值 U_d 为 0；

② 单相全控桥式整流大电感负载的移相范围为 $0°\sim90°$。

（4）单相全控桥式整流电路大电感负载参数计算

① 输出电压平均值　当 $\alpha=0°$ 时，波形不出现负面积，此时波形与单相不可控桥式整流电路输出电压波形相同，其平均值为 0.9。在这区间输出电压平均值与控制角 α 的关系为：

$$U_d=\frac{1}{\pi}\int_{\alpha}^{\pi+\alpha}\sqrt{2}U_2\sin\omega t\,\mathrm{d}(\omega t)=\frac{2\sqrt{2}}{\pi}U_2\cos\alpha\approx0.9U_2\cos\alpha \tag{2-13}$$

② 负载电流 i_d 平均值　在这区间输出电流平均值与控制角 α 的关系为：

$$I_d=\frac{U_d}{R_d}=0.9\frac{U_2}{R_d}\cos\alpha \tag{2-14}$$

若电路电感很大，输出电流连续，为脉动很小的直流，波形近似为一条平直的直线，电路处于稳态。

③ 晶闸管的电流平均值、有效值

$$I_{dT}=\frac{1}{2}I_d \tag{2-15}$$

$$I_T=\frac{1}{\sqrt{2}}I_d \tag{2-16}$$

④ 晶闸管承受的最大电压

$$U_{TM}=\sqrt{2}U_2 \tag{2-17}$$

⑤ 变压器二次侧的电流有效值

$$I_2=\sqrt{\frac{2}{2\pi}\int_{\alpha}^{\pi+\alpha}I_d^2\mathrm{d}(\omega t)}=\sqrt{2}I_T \tag{2-18}$$

在 $\alpha>90°$ 时，出现的波形和单相半波大电感负载相似，无论如何调节 α，波形正负面积都相等，且波形断续，此时输出电压平均值为零。

2. 接入续流二极管

单相全控桥式整流大电感负载电路特点：移相范围为 $0°\sim90°$，且负载电压 u_d 的波形出现在负半周，使得电路输出电压平均值 U_d 下降。为了解决该问题，可在负载两端并联续流二极管。

（1）电路构成

接续流二极管后，α 的移相范围可扩大到 $0°\sim180°$。在这区间内变化，只要电感量足够大，输出电流就可以保持连续且平稳，如图 2-36 所示。

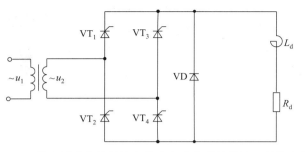

单相桥式全控整流电路电感性负载（接入续流二极管）

图 2-36 单相桥式全控整流电路大电感负载接续流二极管电路

（2）工作原理

① 在电源电压 u_2 正半周时，晶闸管 VT_1、VT_4 在 $\alpha=60°$ 时刻被触发导通，整流输出的电压 u_d 与电源电压 u_2 正半周的波形一致，忽略管压降，晶闸管 VT_1 两端电压 $u_{VT1}=0$。

② 当电源电压 u_2 过零变负时，续流二极管 VD 承受正向电压而导通，晶闸管 VT_1、VT_4 承受反向电压而关断，$u_d=0$，波形与横轴重合，负载电流 i_d 经过续流二极管 VD 进行续流，如图 2-37 所示，释放电感中储存的能量，晶闸管 VT_1 承受 0.5 倍电源电压 u_2。

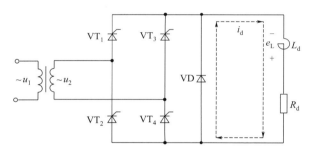

图 2-37 续流二极管 VD 导通并续流

③ 在电源电压 u_2 负半周相同的时刻，晶闸管 VT_3、VT_2 被触发导通，续流二极管 VD 承受反向电压关断，在负载两端获得与 VT_1、VT_4 导通时相同的整流输出电压波形，晶闸管 VT_1 承受全部的反向电源电压。

④ 当电源电压 u_2 过零重新变正时，续流二极管 VD 再次导通进行续流，直到晶闸管 VT_1、VT_4 再次被触发导通，如此循环下去。

输出电压及晶闸管两端的理论波形如图 2-38 所示，输出电压及晶闸管两端的实测波形如图 2-39～图 2-42 所示。

由以上实测分析得出：

① 负载电流是由 VT_1、VT_4 和 VT_2、VT_3 及续流二极管 VD 相继轮流导通而形成的，波形与电阻负载时相同；

② 单相全控桥式整流大电感负载接续流二极管的移相范围为 $0°\sim180°$。

（3）单相全控桥式整流电路大电感负载接续流二极管参数计算

① 输出直流电压平均值及平均电流

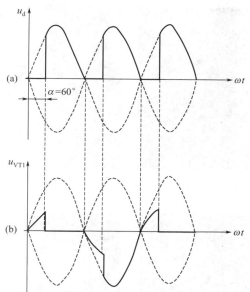

图 2-38　α＝60°时单相桥式全控整流电路大电感负载接续流二极管电路理论波形

（a）负载两端电压波形；（b）晶闸管 VT_1 两端电压波形

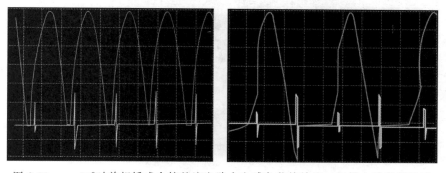

图 2-39　α＝30°时单相桥式全控整流电路大电感负载接续流二极管电路实测波形

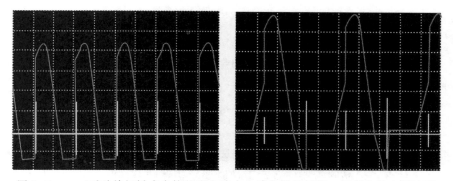

图 2-40　α＝60°时单相桥式全控整流电路大电感负载接续流二极管电路实测波形

$$U_d = \frac{1}{\pi} \int_\alpha^\pi \sqrt{2} U_2 \sin\omega t \, d(\omega t) = 0.9 U_2 \frac{1+\cos\alpha}{2} \qquad (2\text{-}19)$$

$$I_d = \frac{U_d}{R_d} = \frac{0.9 U_2}{R_d} \times \frac{1+\cos\alpha}{2} \qquad (2\text{-}20)$$

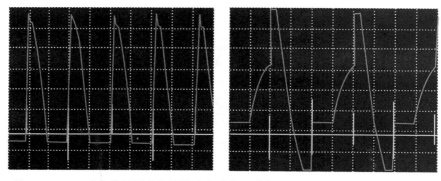

图 2-41　α＝90°时单相桥式全控整流电路大电感负载接续流二极管电路实测波形

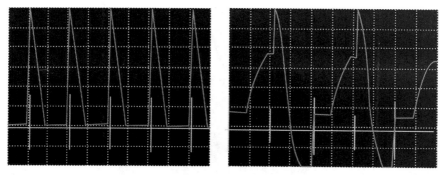

图 2-42　α＝120°时单相桥式全控整流电路大电感负载接续流二极管电路实测波形

② 流过晶闸管的电流平均值及电流有效值

$$I_{dT}=\frac{\pi-\alpha}{2\pi}I_d \tag{2-21}$$

$$I_T=\sqrt{\frac{\pi-\alpha}{2\pi}}\,I_d \tag{2-22}$$

③ 流过续流二极管的电流平均值及电流有效值

$$I_{dD}=\frac{\alpha}{\pi}I_d \tag{2-23}$$

$$I_D=\sqrt{\frac{\alpha}{\pi}}\,I_d \tag{2-24}$$

④ 晶闸管和续流二极管承受的最大电压

$$U_{TM}=\sqrt{2}U_2 \tag{2-25}$$

$$U_{DM}=\sqrt{2}U_2 \tag{2-26}$$

单相桥式全控整流电路，具有输出电压脉动小、电压平均值大、整流变压器没有直流磁化及利用率高等优点，但晶闸管器件多，工作时要求桥臂两管同时导通，脉冲变压器二次侧需要有3～4个绕组，绕组间耐压性、绝缘性高。因此，单相桥式全控整流电路适合于在逆变电路中应用。

【例 2-2】　单相桥式全控整流电路，大电感负载，交流侧电压有效值为220V，负载电阻为10Ω，计算当α＝60°时直流输出电压平均值和输出电流平均值。若在负载两端接续流二极管，其U_d、I_d又是多少？取2倍的裕量，选择晶闸管型号。

解：不接续流二极管时，由于是大电感负载，故

$$U_d=0.9U_2\cos\alpha=0.9\times220\times\cos60°\approx99(V)$$

$$I_d=\frac{U_d}{R_d}=\frac{99}{10}=9.9(A)$$

接续流二极管时

$$U_d=0.9U_2\frac{1+\cos\alpha}{2}=0.9\times220\times\frac{1+0.5}{2}=148.5(V)$$

$$I_d=\frac{U_d}{R_d}=\frac{148.5}{10}=14.85(A)$$

流过晶闸管的电流平均值及电流有效值

$$I_{dT}=\frac{\pi-\alpha}{2\pi}I_d=\frac{180°-60°}{360°}\times14.85=4.95(A)$$

$$I_T=\sqrt{\frac{\pi-\alpha}{2\pi}}I_d=\sqrt{\frac{180°-60°}{360°}}\times14.85\approx8.57(A)$$

确定晶闸管额定电压

$$U_{TM}=U_{DM}=\sqrt{2}U_2=\sqrt{2}\times220\approx311(V)$$

$$2U_{TM}=2\times311=622(V)$$

确定晶闸管额定电流

$$I_{T(AV)}=2\times\frac{8.57}{1.57}\approx10.92(A)$$

故选择晶闸管型号为 KP20-10。

【任务实施】

主电路做单相桥式全控整流电路电阻电感性负载电路的调试。

一、任务说明

1. 所需仪器设备

① DJDK-1 型电力电子技术及电机控制实验装置（含 DJK01 电源控制屏、DJK02 晶闸管主电路、DJK03-1 晶闸管触发电路、DJK06 给定及实验器件）1 套。

② 示波器 1 台。

③ 螺钉旋具 1 把。

④ 万用表 1 块。

⑤ 导线若干。

2. 测试前准备

① 课前预习相关知识。

② 清点相关材料、仪器和设备。

③ 填写任务单测试前准备部分。

3. 操作步骤及注意事项

（1）接线

① 触发电路接线 将 DJK01 电源控制屏的电源选择开关打到"直流调速"侧，使输出线电压为 200V，用两根导线将 200V 交流电压（A、B）接到 DJK03-1 的"外接 220V"端。

② 主电路接线 VS₁、VS₃ 的阴极连接，VS₄、VS₆ 的阳极连接；DJK01 电源控制屏的三相电源输出 A 接 DJK02 三相整流桥路中 VSM 阳极，输出 B 接 VS₃ 阳极，VS₁ 阴极接 DJK02 电感的"*"，电感 700mH 端接直流电流表"+"，直流电流表的"-"接 D42 的负载电阻的一端，电阻的另一端接 VS₄ 的阳极；将 VS₁ 阴极接 DJK02 直流电压表"+"，直流电压表"-"接 VS₄ 的阳极；DJK06 中二极管阳极接直流电压表"-"，开关的一端接电流表的"-"，如图 2-43 所示。

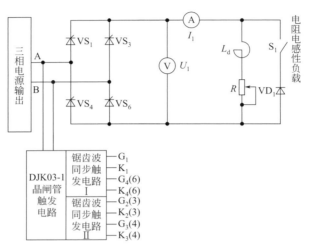

图 2-43　单相桥式全控整流电路电阻电感性负载接线图

③ 触发脉冲连接 将锯齿波同步触发电路的 G₁、K₁ 接 VS₁ 的门极和阴极，G₄、K₄ 接 VS₆ 的门极和阴极，G₂、K₂ 接 VS₃ 的门极和阴极，G₃、K₃ 接 VS₄ 的门极和阴极，如图 2-43 所示。

注意：电源选择开关不能打到"交流调速"侧；A、B 接"外接 220V"端，严禁接到触发电路中其他端子；把 DJK02 中"正桥触发脉冲"对应晶闸管触发脉冲的开关打到"断"的位置；负载电阻调到最大值；二极管极性不能接反；通电调试前将与二极管串联的开关拨到"断"位置。

（2）单相桥式全控整流电路电阻电感性负载不接续流二极管调试（与二极管串联的开关拨到"断"）

注意：主电路电压为 200V，测试时防止触电。改变 R 的电阻值过程中，注意观察电流表，电流表读数不能超过 1A。

① 按下电源控制屏的"启动"按钮，打开 DJK03-1 电源开关，电源指示灯亮，这时挂件中所有的触发电路都开始工作。

② 示波器测试触发电路各点的波形，将控制电压 U_{ct} 调至零（将电位器 RP₂ 顺时针旋到底），观察同步电压信号和"6"点 U_6 的波形，调节偏移电压 U_b（即调节 RP₃ 电位器），使 $\alpha = 180°$。

③ 观察负载两端波形并记录输出电压大小。调节电位器 RP₂，使控制角 $\alpha = 30°$、$60°$、$90°$、$120°$（在每一控制角时，可保持电感量不变，改变 R 的电阻值，注意电流不要超过 1A），观察最理想的 u_d 波形，并在任务单的调试过程记录中记录此时输出电压 u_d 波形和输出电压 U_d 值。

（3）单相桥式全控整流电路电阻电感性负载接续流二极管调试

① 将与二极管串联的开关拨到"通"。

② 观察负载两端波形并记录输出电压大小。调节电位器 RP_i，使控制角 $\alpha = 30°$、$60°$、$90°$、$120°$（在每一控制角时，可保持电感量不变，改变 R 的电阻值，注意电流不要超过 1A），观察最理想的 u_d 波形，并在任务单的调试过程记录中记录此时输出电压 u_d 波形和输出电压 U_d 值。

4. 任务实施标准

序号	内容	配分	等级	评分细则	得分
1	接线	15	15	每接错 1 根扣 5 分，二极管接反扣 10 分	
2	示波器使用	10	10	使用错误 1 次扣 5 分	
3	不接 VD 电路调试	15	5	调试过程错误 1 处扣 5 分	
			10	参数记录，每缺 1 项扣 2 分	
4	接 VD 电路调试	30	15	测试过程错误一次扣 5 分	
			15	参数记录，每缺 1 项扣 2 分	
5	操作规范	20	20	违反操作规程 1 次扣 10 分，元件损坏 1 个扣 10 分，烧保险 1 次扣 5 分	
6	现场整理	10	10	经提示后能将现场整理干净扣 5 分，不合格，本项 0 分	
合　计					

二、任务结束

操作结束后，拆除接线，整理操作台、断电，清扫场地。

注意：拆线前请确认电源已经断开。

三、任务思考

1. 单相桥式全控整流电路中，若有一只晶闸管因过电流而造成短路，会带来什么后果？若这只晶闸管造成断路，后果又会怎样？

2. 图 2-44 所示电路，已知电源电压 220V，带电阻电感性负载，负载电阻 $R_d = 10\Omega$，晶闸管的控制角为 $60°$。

（1）试画出晶闸管两端承受的电压波形。

（2）晶闸管和续流二极管每周期导通多少度？

（3）选择晶闸管型号。

3. 单相桥式全控整流电路，带大电感负载。已知 $U_2 = 220V$，$R_d = 200\Omega$。当 $\alpha = 60°$ 时分别计算负载两端并联续流二极管前和后的 U_d、I_{dT}、I_{dD} 及 I_T、I_D 值，画出 u_d、i_T、u_T 的波形，选择晶闸管的型号。

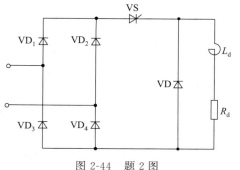

图 2-44　题 2 图

4. 单相桥式半控整流电路的主电路和触发电路工作都正常，当所带白炽灯泡灯丝被烧断后，用示波器观察晶闸管两端电压波形、二极管两端电压波形以及灯泡两端电压波形有何不同？

5. 某电阻负载 $R=50\Omega$，要求输出电压在 $0\sim300\text{V}$ 可调，试用单相半波和单相全波两种方式供电，分别计算：① 晶闸管额定电压、电流值；② 负载电阻上消耗的最大功率。

6. 一单相桥式全控整流电路给电阻性负载和大电感负载供电，在流过负载电流平均值相同的情况下，哪一种负载的晶闸管额定电流应选择大一些？

7. 相控整流电路带阻性负载时，负载电阻上的 U_d 与 I_d 的乘积是否等于负载有功功率？为什么？带大电感负载时，负载电阻 R_d 上的 U_d 与 I_d 乘积是否等于负载有功功率？为什么？

8. 一电阻性负载要求 $0\sim24\text{V}$ 直流电压，最大负载电流 $I_\text{d}=30\text{A}$，如果采用 220V 交流直流供电或变压器降压到 60V 供电的单相全控整流电路，那么两种方案是否都能满足要求？比较两种供电方案的晶闸管的导通角、额定电压、额定电流、电路的功率因数及对电源容量的要求。

9. 一电阻性负载 $R_\text{d}=50\Omega$，要求 U_d 在 $0\sim600\text{V}$ 范围内可调，考虑用单相半波和单相桥式全控两种整流电路来供给，分别计算：① 晶闸管额定电压、电流值；② 连接负载的导线截面积（导线允许电流密度 $j=6\text{A}/\text{mm}^2$）；③ 负载电阻上消耗的最大功率。

 **项目总结**

本项目主要实施的任务是单相桥式全控整流电路的设计及制作，通过项目操作完成了锯齿波同步触发电路、单相桥式全控整流电路设计及制作的前期、中期、后期的准备工作，为后续学习三相桥式全控整流调压调速电路的设计与制作奠定了基础。

 项目提升 晶闸管过压与过流的保护

一、晶闸管的过电压保护

超过正常工作时晶闸管应承受的最大峰值电压，称为过电压。

1. 电路中过电压的种类

① 操作电压　电路中某个部位线路发生通断，使电感元件积聚的能量释放而引起的过电压。

② 浪涌过电压　电网遭受雷击或从电网侵入的干扰过电压。

2. 采取保护措施目的

① 使操作过电压限制在晶闸管的额定电压 U_TN 以下。

② 对于浪涌电压，限制在晶闸管的断态 U_DRM 和反向不重复峰值电压 U_RRM 以下。

3. 保护方式

① 按过电压保护来分　交流侧保护、直流侧保护和元件保护。

② 常用的保护措施　RC 阻容保护、硒堆、压敏电阻和避雷器。

4. 交流侧过电压及其保护

（1）交流侧过电压的产生

交流侧电路在接通、断开时会出现过电压。

① 由于雷击等原因由电网侵入，产生幅值高达变压器额定电压的 $5\sim10$ 倍浪涌电压。

② 由高压电源供电或电压比很大的变压器供电，在一次侧合闸瞬间，由于一、二次绕

组之间存在分布电容，使高压耦合到低压而产生的操作过电压。

③ 与整流装置并联的其他负载切断时或整流装置的直流侧快速开关遮断时，因电源回路电感产生感应电动势造成过电压。

④ 整流变压器空载且电源电压过零时一次侧断电，因变压器励磁电流突变导致二次侧感应瞬时过电压。

（2）交流侧过电压保护器件

① RC 阻容吸收电路　交流侧阻容吸收电路的常用接法如图 2-45 所示。

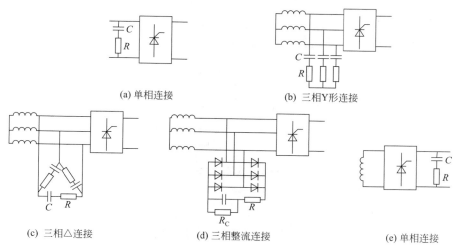

(a) 单相连接　　　　　　　　　　(b) 三相Y形连接

(c) 三相△连接　　　(d) 三相整流连接　　　　(e) 单相连接

图 2-45　交流侧阻容吸收电路的常用接法

② 非线性电阻保护　硒堆由成组串联的硒整流片构成。图 2-46 所示为硒堆保护接法：图（a）为单相的接法，两组对接后再与电源并联；图（b）和图（c）为三相的接法，三组对接成 Y 形或六组结成△形。

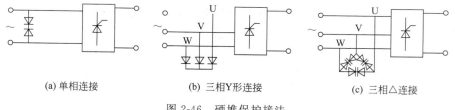

(a) 单相连接　　　　　(b) 三相Y形连接　　　　(c) 三相△连接

图 2-46　硒堆保护接法

采用硒堆保护的优点是它能吸收较大的浪涌能量；但存在体积大、反向特点不陡、长期放置不用会发生"储存老化"，即正向电阻增大、反向电阻降低而失效的缺点，所以使用前必须先加 50% 的额定电压 10min，再加额定电压 2h，才能恢复性能。

金属氧化物压敏电阻是由氧化锌、氧化铋等烧结制成的非线性电阻元件。正常电压时呈高阻态，漏电流仅是微安级，故损耗小。过电压时引起电子雪崩呈低阻，使电流迅速增大，吸收过电压。保护接线方式如图 2-47 所示。

5. 直流侧过电压及其保护

直流侧保护采用与交流侧保护相同的方法，如图 2-48 所示。对于容量较小的装置，可采用阻容保护抑制过电压；如果容量较大，采用阻容保护，将影响系统的快速性，此时应选择硒堆或压敏电阻保护。

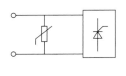

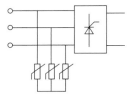

(a) 单相连接   (b) 三相Y形连接   (c) 三相△连接

图 2-47   压敏电阻保护接法

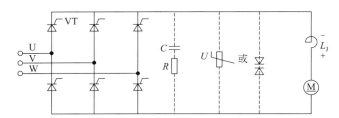

图 2-48   晶闸管直流侧过电压保护

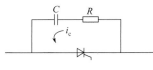

图 2-49   晶闸管两端并
联阻容吸收电路

6.晶闸管关断过电压及其保护

关断过电压保护最常用的方法是，在晶闸管两端并联 RC 吸收电路，如图 2-49 所示。由于电容的充电作用，可降低晶闸管反向电流减小的速度，吸收关断过电压，把它限制在允许范围内。

实际应用时，为了防止电路振荡和限制管子开通损耗和电流上升率，阻容吸收电路要尽量靠近晶闸管，引线要短，最好采用无感电阻。

二、晶闸管的过电流保护

流过晶闸管的电流大大超过其正常工作电流时，称为过电流。

1.产生电流的原因

① 直流侧短路；

② 生产机械过载；

③ 可逆系统中产生环流或逆变失败；

④ 直流电动机环火。

由于电子器件的电流过载能力比一般电气设备低得多，因此必须对晶闸管设置过电流保护。

2.晶闸管装置的过流保护

① 串接交流进线电抗或采用漏抗大的整流变压器   利用电抗能有效地限制短路电流，保护晶闸管，但负载电流大时存在较大的交流压降。

② 过流继电器   过流时使交流开关 K 跳闸，切断电源，由于开关动作需几百毫秒，只适用于短路电流不大的场合。另一类可利用过电流信号去控制触发器，使触发脉冲快速后移到 $\alpha > 90°$ 区域，使装置工作在逆变状态或瞬时停止使晶闸管关断，从而抑制了过电流。在可逆系统中，停发脉冲会造成逆变失败，故多采用脉冲快速后移方法。

③ 直流快速开关   常用于变流装置功率大且短路的场合，当出现严重过载或短路电流

时，要求快速开关比快熔先动作，要避免快熔熔断。快熔动作时间为 2ms，加上断弧时间不超过 30ms。应用较好的是直流侧过流保护装置，但造价高，体积大，一般变流装置不采用。

④ 快速熔断器　常见的过电流保护器件，快熔可接在交流侧、直流侧和晶闸管桥臂串联电路中，如图 2-50 所示。

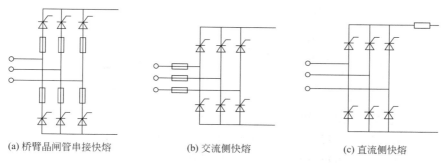

| (a) 桥臂晶闸管串接快熔 | (b) 交流侧快熔 | (c) 直流侧快熔 |

图 2-50　快速熔断器保护

熔体额定电流选择公式为

$$1.57 I_{T(AV)} \geqslant I_{RD} \geqslant I_{TM} \tag{2-27}$$

三、单相桥式有源逆变电路

（一）有源逆变的条件

在一定条件下，将直流电能转变为交流电能的过程称为逆变，其传递方向为直流电—逆变器—交流电—电网（用电器）。

1. 逆变电路构成

① 有源逆变　变流器把直流电逆变成 50Hz 的交流电回送电网的过程。

② 无源逆变　把变流器的交流侧接到负载，把直流电逆变为某一频率或频率可调的交流电供给负载。

2. 变流装置（变流器）

用同一套晶闸管电路既作为整流又作为逆变。

（1）整流状态

$U_d > E$，电动机工作在电动状态，电流 I_d 从 U_d 的正端流出，从电动机反电动势 E 的正端流入，变流器输出直流功率，如图 2-51 所示。

（2）逆变状态

① 变流器输出电压 U_d 极性改变，电动机处于发电制动状态，$E > U_d$。E 是产生 I_d 的电动势，发出直流电功率，而 U_d 起着反电动势的作用。变流器将直流电功率逆变为 50Hz 的交流电送回电网，如图 2-52 所示。

② 控制角 α 增大到 90° 以上，晶闸管的阳极电位处于交流电压大部分为负半周的时刻，在 E 的作用下，使变流器直流侧的电流 I_d 与电动势 E 方向相同，晶闸管仍承受正压而导通。

3. 有源逆变的条件

① 实现有源逆变的外部条件　直流侧必须外接与直流电流 I_d 同方向的电动势，且要求 E 在数值上大于 U_d。

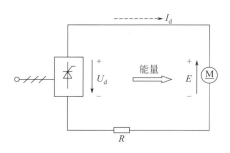

图 2-51 整流状态下变流器与
负载之间的能量传递

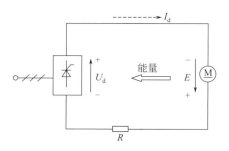

图 2-52 逆变状态下变流器与
负载之间的能量传递

② 实现有源逆变的内部条件：变流器必须工作在 $\alpha>90°$，变流器输出电压 $U_d<0$。

以上两个条件，缺一不可。 在各种整流电路中，晶闸管半控桥式整流电路或带有续流二极管的电路，由于不能输出负电压 U_d，也不允许直流侧接上反极性的直流电源，均不能用于有源逆变。

（二）单相桥式有源逆变工作原理

图 2-53 所示为两组单相全控桥式电路反并联构成的逆变装置，通过开关 Q 来进行负载与两个桥路之间切换。

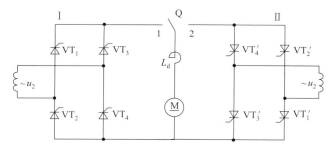

图 2-53 两组单相全控桥式电路反并联构成的逆变装置

1. 工作原理

（1）当开关 Q 打到 1 位置

Ⅰ组全控桥电路工作在整流状态，触发角 $\alpha_{\text{I}}<90°$，整流电路输出电压 $U_{d\text{I}}$ 上正下负，电动机处于电动运行状态，反电动势 E 上正下负，电动机吸收功率，方向如图 2-54（a）所示，图 2-54（b）为整流电路输出电压的波形。

（2）当开关 Q 打到 2 位置

电动机由于机械惯性，转速还未来得及变化，电动势 E 的方向不变；同时将Ⅱ组全控桥电路的触发角调整为 $\alpha_{\text{II}}>90°$，其桥式输出电压为 $U_{d\text{II}}=U_2\cos\alpha_{\text{II}}$，负值，且 $|U_{d\text{II}}|<|E|$，则电动机运行在发电制动状态，向电源回馈能量，方向如图 2-55（a）所示，图 2-55（b）为整流电路输出电压的波形。

2. 应用时注意事项

当开关 Q 打向 2 位置时，不允许将Ⅱ组全控桥式电路的控制角调整为 $\alpha_{\text{II}}<90°$，否则会形成两电源顺极性串联，相当于短路，产生过大的短路电流，如图 2-56 所示。

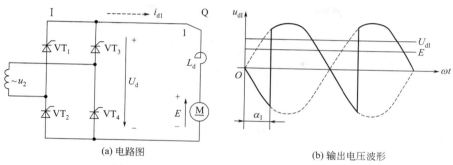

图 2-54　Ⅰ组全控桥式电路工作在整流状态

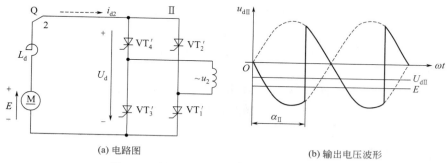

图 2-55　Ⅱ组全控桥式电路工作在逆变状态

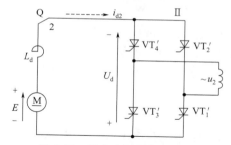

图 2-56　两个电源顺极性串联

3. 单相全控桥式整流逆变电路的参数计算

① 单相全控桥式电路逆变时输出电压的公式为

$$U_d = 0.9 U_2 \cos\alpha \tag{2-28}$$

由于 $\alpha + \beta = \pi$，上式也可以用逆变角表示为

$$U_d = -0.9 U_2 \cos\beta \tag{2-29}$$

② 单相全控桥式电路逆变时回路的逆变电流公式为

$$I_d = \frac{U_d - E}{R_d} \tag{2-30}$$

对于同一套变流装置，可得出以下结论：

① 当 $\alpha < 90°$（$\beta > 90°$）时，工作处于整流状态；

② 当 $\alpha > 90°$（$\beta < 90°$）时，工作处于逆变状态；

③ 当 $\alpha = \beta = 90°$ 时，输出电压的平均值 $U_d = 0$，电流 $I_d = 0$，负载与电源之间没有能量交换。

图 2-57 所示为单相桥式有源逆变电路逆变角 β 为 30°、60°、90°时 u_d 和 u_{VT1} 的波形。

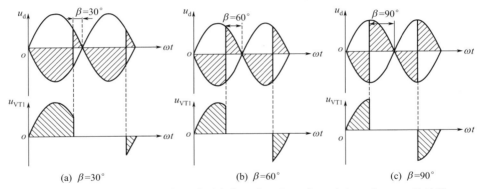

图 2-57　单相桥式有源逆变电路逆变角 β 为 30°、60°、90°时 u_d 和 u_{VT1} 的波形

(三) 最小逆变角的限制

1. 逆变失败

可控整流电路在逆变运行时，外接的直流电源会通过晶闸管电路形式短路，或使得可控整流电路的输出平均电压和直流电动势变成顺向串联。由于逆变电路的内阻很小，将出现极大的短路电流流过晶闸管及负载。

2. 逆变失败的原因

① 触发电路工作不可靠，不能适时、准确地给各个晶闸管分配触发脉冲，如脉冲丢失、脉冲延迟、脉冲宽度或脉冲功率不够、干扰脉冲等。

② 晶闸管发生故障或晶闸管本身性能不好，如器件发生阻断能力、器件不能可靠触发。

③ 交流电源异常，如在逆变工作时，电源发生缺相或突然消失造成逆变失败。

④ 换相余量角过小，引起逆变失败，如考虑变压器漏抗引起的换相重叠角、晶闸管关断时间等因素。

3. 防止逆变失败的措施

为了确保逆变电路安全可靠工作，在选用可靠的触发电路的同时，要注重对最小逆变角 β 的选择，还要考虑以下因素：

① 换相重叠角 γ 与整流变压器的漏抗、变压器的接线方式以及工作电流有关，当 $\beta < \gamma$ 时，造成逆变失败；

② 晶闸管的关断时间所对应的电角度 δ_o，通常取 4°～6°；

③ 安全裕量角 $\theta_a = 10°$；

④ 最小逆变角为 $\beta_{min} \geqslant \gamma + \delta_o + \theta_a \approx 30° \sim 35°$。

在实际应用中，可在 β_{min} 处设置一个可以产生附加安全脉冲的装置，一旦工作脉冲移入 β_{min} 区内，则安全脉冲保证在 β_{min} 触发处触发晶闸管，可以有效地防止逆变角过小而出现逆变失败。

 项目实战

实战一　锯齿波同步触发电路的维调

一、实战目的

① 会用 MF47 型指针式万用表检测 SCR 的好坏。

② 会进行西门子 TCA785 集成锯齿波同步移相触发电路的调试。

二、实战器材

① DJDK-1 型电力电子技术及电机控制实验装置（含 DJK01 电源控制屏、DJK03-1 晶闸管触发电路）1 套。

② 示波器 1 台。

③ 螺钉旋具 1 把。

④ MF47 型指针式万用表 1 块。

⑤ 导线若干。

三、实战内容

（1）测试前准备

① 预习相关调试知识。

② 清点相关材料、仪器和设备。

（2）接线

接线与单结晶体管触发电路接线相同。

（3）西门子 TCA785 触发电路调试

注意：主电路电压为 200V，测试时防止触电。

① 按下电源控制屏的"启动"按钮，打开 DJK03-1 电源开关，这时挂件中所有的触发电路都开始工作。

② 用示波器观察西门子 TCA785 触发电路各点波形。用示波器分别测试单相晶闸管触发电路的同步电压（～15V 上面端子）和 1、2、3、4 五个测试孔的波形。观察同步电压和"1"点的电压波形，了解"1"点波形形成的原因。观察"2"点的锯齿波波形，调节电位器 RP_1，观测"2"点锯齿波斜率的变化。观察"3""4"两点输出脉冲的波形，记录调试过程。

③ 调节触发脉冲的移相范围。调节 RP_2 电位器，用示波器观察同步电压信号和"3"点 G 的波形，观察和记录触发脉冲的移相范围。

④ 调节电位器 RP_2 使 $\alpha = 45°$，观察并记录 $U_1 \sim U_4$ 输出波形，标出其幅值与宽度，并记录在任务单的调试过程记录中。

四、实战考核标准

考核内容	配分	考核评分标准		扣分	得分
检测晶闸管的质量	30	1. 使用前的准备工作未进行	扣 5 分		
		2. 检测挡位不正确	扣 15 分		
		3. 操作错误	每处扣 5 分		
		4. 由于操作不当导致元器件损坏	扣 30 分		
示波器的使用及电路的调试	70	1. 使用前的准备工作没进行	扣 5 分		
		2. 检测挡位不正确	扣 15 分		
		3. 操作错误	每处扣 5 分		
		4. 由于操作不当导致元器件损坏	扣 30 分		
安全文明生产		违反安全生产规程视现场具体违规情况扣分			
实战总分					

实战二　单相桥式全控整流电路（电阻性）负载的维调

一、实战目的

① 会用 MF47 型指针式万用表测试 SCR 的质量。

② 会对单相桥式半控整流电路带电阻性、电阻电感性负载时的电路进行调试。

③ 掌握续流二极管在单相桥式半控整流电路中的作用，学会对实验中出现的问题加以分析和解决。

二、实战器材

① DJK01 电源控制屏。

② DJK02 晶闸管主电路。

③ DJK03-1 晶闸管触发电路。

④ DJK06 给定及实验器件。

⑤ D42 三相可调电阻。

⑥ 双踪示波器。

⑦ MF47 型指针式万用表。

三、实战内容

（1）接线

如图 2-58 所示，两组锯齿波同步移相触发电路均在 DJK03-1 挂件上，它们由同一个同步变压器保持与输入的电压同步，触发信号加到共阴极的两个晶闸管，图中的 R 用 D42 三相可调电阻，将两个 900Ω 接成并联形式，二极管 VD_1、VD_2、VD_3 及开关 S_1 均在 DJK06 挂件上，电感 L_d 在 DJK02 面板上，用 700mH。

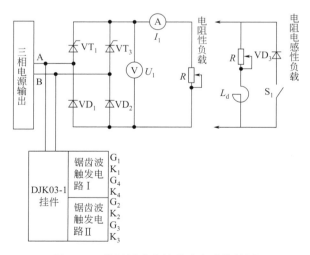

图 2-58　单相桥式半控整流电路接线图

将 DJK01 电源控制屏的电源选择开关打到"直流调速"侧，使输出线电压为 200V，用两根导线将 200V 交流电压接到 DJK03-1 的"外接 220V"端，按下"启动"按钮，打开 DJK03-1 电源开关，用双踪示波器观察"锯齿波同步触发电路"各观察孔的波形。

（2）锯齿波同步移相触发电路调试

其调试方法同前。令 $U_{ct}=0$ 时（RP_2 电位器顺时针转到底），$\alpha=170°$。

（3）单相半控整流电路加电阻性负载

按原理图 2-58 接线（注意：触发脉冲是从外部接入 DJK02 面板上晶闸管的门极和阴极，此时，应将所用晶闸管对应的正桥触发脉冲或反桥触发脉冲的开关拨向"断"的位置，并将 U_{lf} 及 U_{lr} 悬空，避免误触发）。主电路接可调电阻 R，将电阻器调到最大阻值位置，按下"启动"按钮，用慢速扫描示波器观察负载电压 U_d、晶闸管两端电压 U_{VT} 和整流二极管两端电压 U_{VD1} 的波形，调节锯齿波同步移相触发电路上的移相控制电位器 RP_2，观察并记录在不同 α 角时 U_d、U_{VT}、U_{VD1} 的波形，测量相应电源电压 U_2 和负载电压 U_d 的数值，将数据记录于下表：

α	30°	60°	90°	120°
U_2				
U_d（记录值）				
U_d/U_2				
U_d（计算值）				

（4）单相半控整流电路加电阻电感性负载

① 断开主电路后，将负载换成将平波电抗器 L_d（700mH）与电阻 R 串联。

② 不接续流二极管 VD_3，接通主电路，用示波器观察不同控制角 α 时 U_d、U_{VT}、U_{VD1}、I_d 的波形，并测定相应的 U_2、U_d 数值，记录于下表：

α	30°	45°	60°	90°
U_2				
U_d（记录值）				
U_d/U_2				
U_d（计算值）				

③ 在 $\alpha=30°$ 时，移去触发脉冲（将锯齿波同步触发电路上的"G_3"或"K_3"拔掉），观察并记录移去脉冲前后 U_d、U_{VT1}、U_{VT3}、U_{VD1}、U_{VD2}、I_d 的波形。

④ 接上续流二极管 VD_3，接通主电路，观察不同控制角 α 时 U_d、U_{VD3}、I_d 的波形，并测定相应的 U_2、U_d 数值，记录于下表：

α	30°	45°	60°	90°
U_2				
U_d（记录值）				
U_d/U_2				
U_d（计算值）				

⑤ 在接有续流二极管 VD_3 及 $\alpha=30°$ 时，移去触发脉冲（将锯齿波同步触发电路上的"G_3"或"K_3"拔掉），观察并记录移去脉冲前后 U_d、U_{VT1}、U_{VT3}、U_{VD2}、U_{VD1} 和 I_d 的波形。

四、实战考核标准

考核内容	配分	考核评分标准	扣分	得分
指针式万用表的使用	30	1. 使用前的准备工作没进行　　　　　　　扣 5 分 2. 读数不正确　　　　　　　　　　　　　扣 15 分 3. 操作错误　　　　　　　　　　　　　　每处扣 5 分 4. 由于操作不当导致仪表损坏　　　　　　扣 20 分		
检测晶闸管的质量	30	1. 使用前的准备工作没进行　　　　　　　扣 5 分 2. 检测挡位不正确　　　　　　　　　　　扣 15 分 3. 操作错误　　　　　　　　　　　　　　每处扣 5 分 4. 由于操作不当导致元器件损坏　　　　　扣 30 分		
检测调试	40	1. 使用前的准备工作没进行　　　　　　　扣 5 分 2. 检测挡位不正确　　　　　　　　　　　扣 15 分 3. 操作错误　　　　　　　　　　　　　　每处扣 5 分 4. 由于操作不当导致元器件损坏　　　　　扣 20 分		
安全文明操作		违反安全生产规程视现场具体违规情况扣分		
合计总分				

实战三　单相桥式全控整流电路（电阻电感性）负载的维调

一、实战目的

① 会用 MF47 型指针式万用表测试 SCR 的质量。

② 会对单相桥式全控整流电路带电阻电感性负载电路进行调试。

二、实战器材

① DJK01 电源控制屏；

② DJK02 晶闸管主电路；

③ DJK03-1 晶闸管触发电路；

④ DJK06 给定及实验器件；

⑤ D42 三相可调电阻；

⑥ 双踪示波器；

⑦ MF47 型指针式万用表。

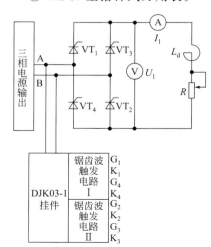

图 2-59　单相桥式整流电路接线图

三、实战内容

1. 接线

本实训线路如图 2-59 所示，单相桥式整流带电阻电感性负载，其输出负载 R 用 D42 三相可调电阻器，将两个 900Ω 接成并联形式，电抗 L_d 用 DJK02 面板上的 700mH，直流电压、电流表均在 DJK02 面板上。触发电路采用 DJK03-1 组件挂箱上的"锯齿波触发电路 Ⅰ"和"锯齿波触发电路 Ⅱ"。

2. 触发电路的调试

① 触发电路的调试　将 DJK01 电源控制屏的电源选择开关打到"直流调速"侧，使输出线电压为 200V，用两根导线将 200V 交流电压接到 DJK03-1 的"外接 220V"端。按下"启动"按钮，打开 DJK03-1

电源开关，用慢速扫描示波器观察"锯齿波同步触发电路"各观察孔的电压波形。

② 将控制电压 U_{ct} 调至零（将电位器 RP_2 顺时针旋到底），观察同步电压信号和"6"点 U_6 的波形，调节偏移电压 U_b（即调 RP_3 电位器），使 $\alpha = 180°$。

③ 将锯齿波触发电路的输出脉冲端接到全控桥中相应晶闸管的门极和阴极，注意不要把相序接反了，否则无法进行整流和逆变。将 DJK02 上的正桥和反桥触发脉冲开关都打到"断"的位置，并使 U_{lf} 和 U_{lr} 悬空，确保晶闸管不被误触发。

3. 单相桥式全控整流电路的调试

① 按图 2-59 接线，将电阻器放在最大阻值处，按下"启动"按钮，保持 U_b 偏移电压不变（即 RP_3 固定）。

② 逐渐增加 U_{ct}（调节 RP_2），$\alpha = 0°$、$30°$、$60°$、$90°$、$120°$时，用示波器观察、记录整流电压 U_d 和晶闸管两端电压 U_{VT} 的波形，并将电源电压 U_2 和负载电压 U_d 的数值记录于下表：

α	$0°$	$30°$	$60°$	$90°$	$120°$
U_2					
U_d（记录值）					
U_d（计算值）					

四、实战考核标准

考核内容	配分	考核评分标准		扣分	得分
指针式万用表的使用	30	1. 使用前的准备工作没进行 2. 读数不正确 3. 操作错误 4. 由于操作不当导致仪表损坏	扣 5 分 扣 15 分 每处扣 5 分 扣 20 分		
检测晶闸管的质量	30	1. 使用前的准备工作没进行 2. 检测挡位不正确 3. 操作错误 4. 由于操作不当导致元器件损坏	扣 5 分 扣 15 分 每处扣 5 分 扣 30 分		
全桥整流电路调试	40	1. 使用前的准备工作没进行 2. 检测挡位不正确 3. 操作错误 4. 由于操作不当导致元器件损坏	扣 5 分 扣 15 分 每处扣 5 分 扣 30 分		
安全文明生产		违反安全生产规程视现场具体违规情况扣分			
实战总分					

五、实践互动

注意：完成以下实践互动，需要先扫描下方二维码下载项目二实践互动资源。

① 锯齿波同步触发电路的调试。

② 调光灯电路演示。

③ 单相半波可控整流电阻性负载的控制系统演示。

④ 单相半波可控整流电感性负载的控制系统演示。

⑤ 单相半波可控整流电感性负载的控制系统加续流二极管演示。

⑥ 单相桥式全控整流电阻性负载的控制系统演示。

⑦ 单相桥式全控整流电阻电感性负载的控制系统演示。

项目二　实践
互动资源

项目三

单相交流调光灯电路的设计及制作

项目引领

利用晶闸管不仅能调节整流电压，而且若将两个晶闸管反并联后串联在交流电路中，通过对晶闸管的控制，就可以控制交流电力。其中通过对晶闸管开通相位控制，可以方便地调节输出电压的有效值，实现交流调压。

项目目标

① 熟练掌握双向晶闸管的识别、检测与典型应用。

② 通过电力电子产品的典型应用，熟悉电力电子产品的特性。

③ 熟练掌握单相交流调光灯等电力电子产品的设计原理。

④ 熟练掌握单相交流调光灯等电力电子产品的制作及工艺。

⑤ 掌握一定的学习方法，具有质量意识、安全意识和创新意识，并鼓励学习者勇于奋斗、乐观向上，培养其较强的集体意识和团队合作意识。

任务一 单相交流调光灯电路的设计

【任务分析】

通过完成本任务，使学生掌握双向晶闸管等电力电子器件的外形结构、特性、工作原理，能熟练对其进行测量及鉴别；能够利用双向晶闸管等电力电子器件，进行典型电路的设计计算等。

【知识链接】

一、交流调压的相关知识

1. 交流变换电路

交流变换电路是将一种形式的交流电变换成另一种形式的交流电的电路。

2. 交流变换电路的分类

根据变换参数不同，可将交流变换电路分为交流电压控制电路和变频电路两大类。

① 交流电压控制电路　只改变输出交流电压的幅值而不改变频率的交流变换电路，称为交流电压控制电路，或称交流调压电路。

② 变频电路　把工频交流电变换成频率可调的交流电的交流变换电路，称为变频电路。

3. 交流电压控制电路的分类

交流电压控制电路包括交流调压电路、交流调功电路和晶闸管交流开关三种类型。

① 交流调压电路　采用相位控制的交流电压控制电路，称为交流调压电路。

② 交流调功电路　采用通/断控制的交流电压控制电路，称为交流调功电路。

③ 晶闸管交流开关　令交流调压器中的晶闸管在交流电流自然过零时关断或导通，称为晶闸管交流开关。

4. 交流调压电路的控制方法

交流调压电路的晶闸管控制通常有通/断控制、相位控制和斩波控制三种。

（1）通/断控制

通/断控制是将晶闸管作为开关，将负载与交流电源接通若干周期，然后再断开若干周期，改变通/断时间比值达到调压的目的。晶闸管起到一个通/断频率可调的快速开关的作用。

通/断控制时输出电压波形基本是正弦的，无低次谐波，但由于输出电压时有时无，电压调节不连续，会分解出分数次谐波。如用于异步电机调压调速，会因电机经常处于重合闸过程而出现大电流冲击，因此很少采用。该控制方式一般用于电炉调温等交流功率调节的场合。

（2）相位控制

相位控制是在电源电压每一个周期中，使晶闸管在选定的时刻内将负载与电源接通，改变选定的时刻达到调压的目的。

相位控制方法简单，能连续调节输出电压大小，该控制方式在交流调压中应用较多。但输出电压波形非正弦，含有丰富的低次谐波，在异步电机调压调速应用中会引起附加谐波损耗，产生脉动转矩等。

（3）斩波控制

斩波控制利用脉宽调制技术将交流电压波形分割成脉冲列，改变脉冲的占空比即可调节输出电压大小。

斩波控制输出电压大小可连续调节，谐波含量小，基本上克服了相位及通/断控制的缺点。由于实现斩波控制的调压电路半周内需要实现较高频率的通、断，不能采用晶闸管，须采用高频自关断器件，如 GTR、GTO、MOSFET、IGBT 等。

实际应用中，采取相位控制的晶闸管型交流调压电路应用最广。

调光台灯在日常生活中随处可见，也是单相交流调压电路的典型应用之一。常见的调光灯，旋动旋钮便可以实现灯泡明暗的调节，图 3-1 所示为单相交流调光灯电路原理图。单相交流调光灯是通过对晶闸管开通相位的控制调节晶闸管的导通角度，对输出电压有效值进行调节，从而实现调光。

二、双向晶闸管

双向晶闸管是由普通晶闸管派生出来的，是把两个反

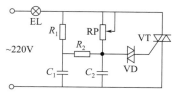

图 3-1　双向晶闸管构成的单相
交流调光灯电路原理图

向并联的普通晶闸管集成在同一硅片上，用一个门极控制触发的组合型器件。在交流电路中可以代替一组反并联的普通晶闸管，只需一个触发电路。因其具有触发电路简单、工作性能可靠的优点，在交流调压、无触点交流开关、温度控制、灯光调节及交流电机调速等领域中应用广泛，是一种比较理想的交流开关器件。

1. 双向晶闸管的基本知识

双向晶闸管的外形与普通晶闸管类似，有塑封式、螺栓式、平板式。**但其内部是一种 NPNPN 五层结构的三端器件。有两个主电极 T_1、T_2，一个门极 G**，其外形如图 3-2 所示。双向晶闸管的内部结构、等效电路及图形符号如图 3-3 所示。其结构如图 3-3（a）所示，N_4 与 P_1 表面用金属膜连通，构成一个阳极；N_2 与 P_2 也用金属膜连通为另一个阳极 T_1；N_3 与 P_2 一部分引出公共门极 G，门极 G 与一个阳极在同一侧引出。由此可以看出，**双向晶闸管相当于两个晶闸管反并联（$P_1N_1P_2N_2$ 和 $P_2N_1P_1N_4$），不过它只有一个门极 G，由于 N_3 区的存在，使得门极 G 相对于 T_1 端无论是正的或是负的都能触发，而且 T_1 相对于 T_2 既可以是正，也可以是负。** 如果不考虑 G 极的不同，把它分割成图 3-3（b）所示，如图 3-3（c）所示连接。图 3-3（d）和（e）分别为双向晶闸管的等效电路和图形符号。

认识双向晶闸管

(a) 塑封式

(b) 螺栓式

(c) 平板式

图 3-2 双向晶闸管的外形

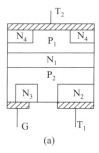
(a)

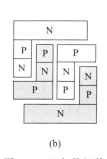
(b)

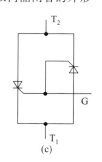
(c)

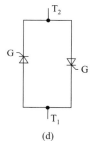
(d)

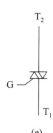
(e)

图 3-3 双向晶闸管内部结构、等效电路及图形符号

2. 双向晶闸管的伏安特性

双向晶闸管有正反向对称的伏安特性曲线。正向部分位于第 I 象限，反向部分位于第 III 象限，如图 3-4 所示。

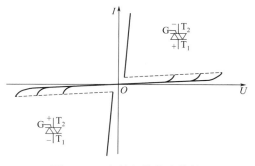

图 3-4 双向晶闸管伏安特性

双向晶闸管伏安特性和触发方式

从双向晶闸管特性曲线可以看出，第 I 象限和第 III 象限内具有基本相同的转换性能。**双向晶闸管工作时，它的 T_1 和 T_2 间加正（负）压，若门极无电压，只要间电压低于转折电压，它就不会导通，处于阻断状态。若门极加一定的正（负）压，则双向晶闸管在间电压小于转折电压时本门极触发导通。**

3. 双向晶闸管的主要参数

双向晶闸管的参数与普通晶闸管的参数相

似，但因其结构及使用条件的差异又有所不同。

（1）双向晶闸管的额定电流

双向晶闸管额定电流的定义与普通晶闸管有所不同。由于双向晶闸管工作在交流电路中，正反向电流都可以流过，所以它的额定电流不用平均值而是用有效值来表示。其定义为：在标准散热条件下，当器件的单向导通角大于 170°，允许流过器件的最大交流正弦电流的有效值，用 $I_{T(RMS)}$ 表示。

（2）双向晶闸管的峰值电流

根据双向晶闸管额定电流的定义，可知双向晶闸管的峰值电流 I_m 为有效值 $I_{T(RMS)}$ 的 $\sqrt{2}$ 倍，即 $I_m = \sqrt{2} I_{T(RMS)}$。

双向晶闸管的选择

（3）双向晶闸管的额定电流与普通晶闸管额定电流之间的关系

双向晶闸管的额定电流与普通晶闸管额定电流之间的换算关系式为

$$I_{T(AV)} = \frac{\sqrt{2}}{\pi} I_{T(RMS)} = 0.45 I_{T(RMS)} \tag{3-1}$$

以此推算，一个 100A 的双向晶闸管与两个反并联 45A 的普通晶闸管电流容量相等。

（4）电流上升率 di/dt

双向晶闸管通常不用于逆变电路，对 di/dt 的要求不高，但实际上仍然存在因 di/dt 损坏器件的可能。因此，提高双向晶闸管 di/dt 容量的方法及保护电路和普通晶闸管是一样考虑的。

（5）开通时间 t_g 和关断时间 t_q

双向晶闸管的触发导通过程需经过多个晶体管的相互作用后才能完成。与普通晶闸管一样，延迟时间与门极触发电流的大小密切相关。

（6）电压上升率 du/dt

电压上升率是双向晶闸管的一个重要参数。因为双向晶闸管作为开关器件使用时，有可能出现相当高的 du/dt 值，所以 du/dt 是一项必测参数。

国产 KS 型双向晶闸管的主要参数和分级的规定见表 3-1。

表 3-1　双向晶闸管的主要参数

系列数值参数	额定通态电流有效值 $I_{T(RMS)}$ /A	断态重复峰值电压（额定电压）U_{DRM} /V	断态重复峰值电流 I_{DRM} /mA	额定结温 T_{jm} /℃	断态电压临界上升率 du/dt /(V/μs)	通态电流临界上升率 di/dt /(A/μs)	换向电流临界下降率 di/dt /(A/μs)	门极触发电流 I_{GT} /Am	门极触发电压 U_{GT} /V	门极峰值电流 I_{GM} /A	门极峰值电压 U_{GM} /V	维持电流 I_H /mA	通态平均电压 $U_{T(AV)}$ /V
KS1	1		<1	115	≥20	—		3～100	≤2	0.3	10		上限值各厂由浪涌电流和结温的合格形式试验决定并满足 $\lvert U_{T1} - U_{T2} \rvert$ ≤0.5
KS10	10		<10	115	≥20	—		5～100	≤3	2	10		
KS20	20		<10	115	≥20	—		5～200	≤3	2	10		
KS50	50	100～200	<15	115	≥20	10	≥0.2% $I_{T(RMS)}$	8～200	≤4	3	10	实测值	
KS100	100		<20	115	≥50	10		10～300	≤4	4	12		
KS200	200		<20	115	≥50	15		10～400	≤4	4	12		
KS400	400		<25	115	≥50	30		20～400	≤4	4	12		
KS500	500		<25	115	≥50	30		20～400	≤4	4	12		

由于双向晶闸管过载能力差，所以在选择元件时，必须根据设备的重要性和可靠性的要求，使其额定电流应为实际计算的 **1.5～2 倍**。

4. 双向晶闸管命名及型号含义

（1）国产双向晶闸管的命名及型号含义

国产双向晶闸管的型号有部颁新标准 KS 系列和部颁旧标准 3CTS 系列。如型号 KS50-10-21 表示额定电流 50A，额定电压 10 级（1000V），断态电压临界上升率 du/dt 为 2 级（不小于 200V/μs），换向电流临界下降率 di/dt 为 1 级（不小于 1% $I_{T(RMS)}$）的双向晶闸管。3CTS1 表示额定电压为 400V、额定电流为 1A 的双向晶闸管。

（2）国外双向晶闸管的命名及型号含义

"TRIAC（Triode AC Semiconductor Switch）"是双向晶闸管的统称。在这个命名前提下，各个生产商有其自己产品的命名方式。

由双向（Bi-directional）、控制（Controlled）、整流器（Rectifier）这三个英文名词的首字母组合而成"BCR"表示双向晶闸管。

① 摩托罗拉半导体公司以"MAC"来命名，如 MAC97-6 等。

② 飞利浦公司以 BT 字母来命名，代表型号有 BT131-600D、BT134-600E、BT136-600E、BT138-600E、BT139-600E 等。该公司的产品型号前缀为"BTA"字头的，通常指三象限的双向晶闸管。

③ 日本三菱公司在双向晶闸管器件命名上，以"BCR"来命名，如 BCR1AM-12、BCR8KM、BCR08AM 等。

④ 意法 ST 公司以"BT"字母为前缀对双向晶闸管命名，并且在"BT"后加"A"或"B"来表示绝缘与非绝缘，组合成"BTA""BTB"系列的双向晶闸管型号。型号的后缀字母（型号最后一个字母）带"W"的，均为"三象限的双向晶闸管"，如 BW、CW、SW、TW，代表型号如 BTB12-600BW、BTA26-700CW、BTA08-600SW 等。四象限/绝缘型/双向晶闸管：BTA06-600C、BTA12-600B、BTA16-600B 等。四象限/非绝缘型/双向晶闸管：BTB06-600C、BTB12-600B、BTB16-600B 等。

ST 公司也以"Z"表示 TRIAC series 的双向晶闸管，如 Z0402MF，其中"04"表示额定电流 $I_{T(RMS)}$ 为 4A；"02"表示触发电流不小于 3mA（"05"表示 5mA、"09"表示 10mA、"10"表示 25mA）；"M"表示额定电压 600V（"S"表示 700V，"N"表示 800V）；F 表示封装为 TO202-3。

飞利浦公司：型号有后缀字母的触发电流，D＝5mA，E＝10mA，C＝15mA，F＝25mA，G＝50mA，R＝5mA 或 200μA；型号没有后缀字母的触发电流，通常为 25～35mA。意法 ST 公司：TW＝5mA，SW＝10mA，CW＝35mA，BW＝50mA，C＝25mA，B＝50mA，H＝15mA，T＝15mA。

5. 双向晶闸管的电极及好坏判别

（1）双向晶闸管的电极判别

双向晶闸管的引脚判别一般可先从外观上进行识别。常见双向晶闸管引脚排列情况如

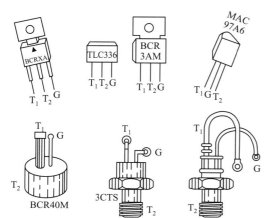

图 3-5   常见双向晶闸管引脚排列

图 3-5 所示。**多数的小型塑封双向晶闸管，面对印字面，引脚朝下，从左向右的排列顺序依次为主电极 T_1、主电极 T_2 和控制极（门极）G。但也有例外，**有疑问时应通过检测作出判别。

双向晶闸管的极性识别

① 确定第二阳极 T_2　G 极与 T_1 极靠近，距 T_2 极较远，因此，G-T_1 之间的正、反向电阻都很小。用万用表 R×1Ω 或 R×10Ω 挡分别测量双向晶闸管任意两引脚之间的电阻值。只有在 G-T_1 之间呈现低阻，正、反向电阻都很小（约 100Ω），即当出现其中某两引脚正、反向测量都导通时，那么这两只引脚为 G 和 T_1，另一只引脚为 T_2；而 T_2-G、T_2-T_1 之间的正、反向电阻均为无穷大，即如果某引脚与另外两引脚的正、反向测量时都不通，那么这只引脚为 T_2。另外，采用 TO-220 封装的双向晶闸管，T_2 通常与小散热板连通，据此亦可确定 T_2。

② 判别 G、T_1　用万用表 R×1Ω 或 R×10Ω 挡测量 G、T_1 极间正、反向电阻（第二阳极 T_2 已知），读数相对较小的那次测量的黑表笔所接的引脚为第一阳极 T_1，红表笔所接引脚为控制极 G。

（2）双向晶闸管的好坏判别

① 用万用表 R×100Ω 或 R×1kΩ 挡测量双向晶闸管的 T_1、T_2 之间的正、反向电阻应近似无穷大，测量 G、T_2 间的正、反向电阻也应近似无穷大。如果测得的电阻都很小，则说明被测双向晶闸管的极间已击穿或漏电短路，性能不良，不宜使用。

双向晶闸管的好坏测试

② 用万用表 R×1Ω 或 R×10Ω 挡测量双向晶闸管的 T_1、G 之间的正、反向电阻，若读数在几十欧至 100Ω 之间，则正常。测量 G、T_1 间正向电阻时读数要比反向电阻稍微小些。如果测得 G、T_1 间正、反向电阻均为无穷大，则说明被测双向晶闸管已经开路损坏。

③ 在判别双向晶闸管的 G、T_1 极时，如果晶闸管能在正、负触发信号下触发导通，则证明该晶闸管具有双向可控性，其性能完好。

（3）实践经验

① 在实践中，由于单、双向晶闸管外形结构非常相似，那么怎样用万用表把它们区分开呢？

先任意测晶闸管的两个极，若正、反向测量指针均不动（R×1Ω 挡），可能是 A、K 或 G、A 极（对单向晶闸管），也可能是 T_2、T_1 或 T_2、G 极（对双向晶闸管）。若其中有一次测量指示为几十至几百欧，则必为单向晶闸管，且红笔所接为 K 极，黑笔接的为 G 极，剩下即为 A 极。若正、反向测量指示均为几十至几百欧，则必为双向晶闸管。再将旋钮拨至 R×1Ω 或 R×10Ω 挡复测，其中必有一次阻值稍大，则稍大的一次红笔接的为 G 极，黑笔所接为 T_1 极，余下是 T_2 极。

② 根据双向晶闸管封装形式，怎么来判断管子的电极？

螺栓式双向晶闸管的螺栓一端为主电极 T_2，较细的引线端为门极 G，较粗的引线端为阴极 T_1。塑封式普通晶闸管的中间引脚为阳极 T_2，该极多与自带散热片相连。金属壳封装的晶闸管，其外壳为阳极 T_2。

三、双向晶闸管的触发方式及触发原理

1. 双向晶闸管的触发方式

双向晶闸管正反两个方向都能导通，门极加正负电压都能触发。主电压与触发电压相互

配合，可以得到四种触发方式。

①Ⅰ+触发方式　主电极 T_2 为正，T_1 为负；门极电压 G 为正，T_1 为负。特性曲线在第Ⅰ象限。

②Ⅰ-触发方式　主电极 T_2 为正，T_1 为负；门极电压 G 为负，T_1 为正。特性曲线在第Ⅰ象限。

③Ⅲ+触发方式　主电极 T_2 为负，T_1 为正；门极电压 G 为正，T_1 为负。特性曲线在第Ⅲ象限。

④Ⅲ-触发方式　主电极 T_2 为负，T_1 为正；门极电压 G 为负，T_1 为正。特性曲线在第Ⅲ象限。

由于双向晶闸管的内部结构原因，四种触发方式的灵敏度不相同，以Ⅲ+触发方式灵敏度最低，使用时要尽量避开。常采用的触发方式为Ⅰ+和Ⅲ-。

2. 双向晶闸管的触发原理

根据图 3-3 所示双向晶闸管内部结构图，可以把它看成由 3 部分组成，即 $P_1N_1P_2N_3$、$P_1N_1P_2N_2$、$P_2N_1P_1N_4$，如图 3-6 所示。

（1）Ⅰ+触发方式的触发原理

Ⅰ+触发方式即主电极 T_2 为正，T_1 为负，G 为正，其等效电路如图 3-7 所示。

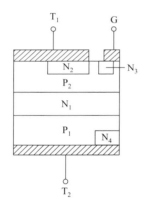
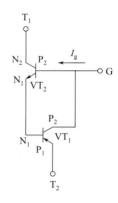

图 3-6　双向晶闸管内部结构示意图　　　　图 3-7　Ⅰ+触发方式等效电路

现以 $P_1N_1P_2$ 与 $N_1P_2N_2$ 两个晶体管的相互作用来说明它的工作过程。从图 3-7 可看出，这两个晶体管中一个管子的集电极电流就是另一个管子的基极电流。这样形式的晶体管电路，一旦有足够的门极电流 I_g 流入，就发生极大的正反馈作用，即

$$I_g = I_{b2} \uparrow \longrightarrow I_{c2} \uparrow = I_{b1} \uparrow \longrightarrow I_{c1} \uparrow$$

最终使这两个晶体管导通，并进入深度饱和状态。所以门极电流 I_g 的流入，促使 $P_1N_1P_2N_2$ 由关断转化为导通，这个触发方式完全与普通晶闸管工作原理相同。

（2）Ⅰ-触发方式的触发原理

由图 3-6 看出，当门极 G 电位相对于 T_1 为负时，可以理解为 T_1 是门极，G 是阴极。在 T_1 电流增大到一定程度时，首先使 $P_1N_1P_2N_3$ 导通，随即 T_2 极电压立即转移

到门极 G（即门极 G 电位被突然提高，基本接近于 T_2），这样门极 G 下面的 P_2 区电压高于 T_1。于是从 T_2 极引来的电流流向 T_1 极，其作用类似于触发电流，促使 $P_1 N_1 P_2 N_2$ 导通。

（3）III_+ 触发方式的触发原理

III_+ 触发方式时，从门极 G 注入电流流入 T_1，使 $N_2 P_2 N_1$ 晶体管正偏导通，再使 $P_2 N_1 P_1$ 晶体管正偏导通，进而又使 $N_1 P_1 N_4$ 晶体管饱和导通，于是引起 $P_2 N_1 P_1 N_4$ 导通。由此可见，III_+ 触发控制全过程必须要经过 3 个晶体管的相互作用才能完成，它所要求的门极触发电流往往较大，这就大大影响了触发灵敏度。

（4）III_- 触发方式的触发原理

在 III_- 触发方式下，从 T_1 注入电流，使 $N_3 P_2 N_2$ 正偏导通，其发射极电流再使 $P_2 N_1 P_1$ 正偏导通，又使 $N_1 P_1 N_4$ 饱和导通，最终达到 $P_2 N_1 P_1 N_4$ 导通。

• • • •【任务实施】• •

本任务主要进行双向晶闸管的识别与检测。

一、任务说明

1. 所需仪器设备

① 不同型号双向晶闸管 2～3 个。

② 指针式万用表 1 块。

2. 测试前准备

① 课前预习双向晶闸管相关知识。

② 清点相关材料、仪器仪表。

③ 填写任务单测试前准备部分。

3. 操作步骤及注意事项

（1）观察双向晶闸管外形

观察双向晶闸管外形，从外观上判断 3 个电极，记录双向晶闸管型号，说明型号的含义。

（2）双向晶闸管电极判别

用万用表判断双向晶闸管 3 个电极，并与外形观察判断的电极对照。

（3）双向晶闸管好坏测试

将万用表置于 R×100Ω 挡或 R×1kΩ 挡，测量双向晶闸管的主电极 T_1 与主电极 T_2 之间的正、反向电阻，再将万用表置于 R×1Ω 挡或者 R×10Ω 挡，测量双向晶闸管主电极 T_1 与控制极（门极）G 之间的正、反向电阻，并将所测数据填入下方任务单中，根据所测数据判断被测管子的好坏。

双向晶闸管型号				
测量内容	T_1 与 T_2 间的正向电阻	T_1 与 T_2 间的反向电阻	T_1 与 G 间的正向电阻	T_1 与 G 间的反向电阻
测量阻值				
结论(管子好/坏)				

4. 实施评价标准

序号	内容	配分	等级	评分细则	得分
1	辨识器件	10	10	能从外形认识晶闸管,错误1个扣5分	
2	型号说明	10	10	能说明型号含义,错误1个扣5分	
3	双向晶闸管电极判别	50	20	万用表使用,挡位错误1次扣5分	
			10	测试方法,错误扣10分	
			20	测试结果,每错1个扣5分	
4	双向晶闸管好坏判断	20	20	判断错误1个扣5分	
5	操作规范	10	10	违反操作规程1次扣5分,元件损坏1个扣5分,烧保险1次扣5分	
				合　　计	

二、任务结束

操作结束后,按要求收拾仪器仪表,整理操作台,清扫场地。

三、任务思考

1. 双向晶闸管额定电流的定义和普通晶闸管额定电流的定义的不同是_____。

2. 额定电流为100A的两只普通晶闸管反并联可以用额定电流为_____A的双向晶闸管代替。

3. 双向晶闸管的测试方法是先判断_____电极,再判断_____电极。判断双向晶闸管好坏的方法是_____。

4. 双向晶闸管有_____种触发方式,分别是_____,通常选用的触发方式是_____。

5. 某双向晶闸管型号为KS100-10-51,每个部分所代表的含义是_____。

▶ 任务二　单相交流调光灯电路的制作

【任务分析】

通过完成单相交流调光灯电路的制作,掌握单相交流调光灯的工作特点,并在电路安装与调试过程中,培养职业素养。

【知识链接】

晶闸管交流调压电路广泛用于灯光控制(如调光台灯和舞台灯光控制)及异步电动机的软启动,也用于异步电动机调速。而对亮度可连续调节的灯光电路,用单相交流调压电路就能够实现。

一、双向晶闸管触发电路

1. 双向触发二极管组成的触发电路

(1) 双向触发二极管

双向触发二极管由 NPN 三层结构组成，它是一个具有对称性的半导体二极管器件，其内部结构、电气符号及特性曲线如图 3-8 所示。

双向触发二极管正、反向伏安特性几乎完全对称，当器件两端所加电压 U 低于正向转折电压 U_{BO}，即 $U<U_{BO}$ 时，器件呈高阻态；当 $U>U_{BO}$ 时，管子击穿导通，进入负阻区。同样，当 U 大于反向转折电压 U_{BR} 时，管子也会击穿，进入负阻区。转折电压的对称性用 ΔU_B 表示。

$$\Delta U_B = |U_{BO}| - |U_{BR}| \tag{3-2}$$

由于双向触发二极管是固定半导体器件，因而体积小而坚固，能承受较大的脉冲电流，一般能承受 2A 脉冲电流，使用寿命长，工作可靠，成本低，已广泛应用于双向晶闸管触发电路中。

双向晶闸管触发
电路的调试

（2）双向触发二极管组成的触发电路

双向触发二极管组成的触发电路如图 3-9 所示。

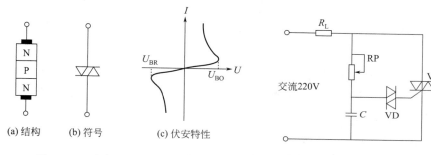

图 3-8　双向触发二极管及其特性　　　　图 3-9　双向触发二极管组成的触发电路

当晶闸管阻断时，电源经负载及电位器 RP 向电容 C 充电。当电容两端电压达到一定值时，双向二极管 VD 导通，触发双向晶闸管 VS。VS 导通后将触发电路短路，待交流电压过零反向时，VS 自行关断。电源反向时，电容 C 反向充电，充电达到一定值时，双向二极管 VD 反向击穿，再次触发 VS 导通，属于 I_+、III_- 触发方式。改变 RP 阻值，即可改变电容两端电压达到双向二极管导通的时刻（即改变正负半周控制角），从而负载上可得到不同大小的电压。

2. 集成触发器组成的触发电路

KC 系列中的 KC05 和 KC06 是专门用于双向晶闸管或两个反并联普通晶闸管组成的交流调压电路中，具有失交保护、输出电流大等优点，是交流调压的理想触发电路，它们的不同是 KC06 具有自生直流电源。这里介绍 KC06 触发器。KC06 由同步检波、锯齿波形成电路、移相电压和锯齿波电压综合比较放大电路、功率放大电路和失交保护电路等组成。

图 3-10 所示为由 KC06 组成的双向晶闸管移相交流调压电路。该电路主要适用于交流直接供电的双向晶闸管或反并联普通晶闸管的交流移相控制。RP_1 用于调节触发电路锯齿波斜率，R_4、C_3 用于调节脉冲宽度。

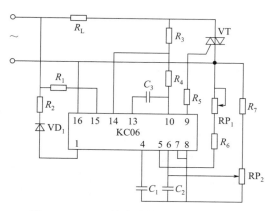

图 3-10　KC06 触发器触发的双向晶闸管
单相交流调压电路

RP_2 为移相控制电位器，用于调节输出电压的大小。

二、单相交流调压电路

单相交流调压电路用于小功率调节，广泛用于民用电气控制。**用晶闸管组成的交流电压控制电路，多采用相位控制方法，可以方便地调节输出电压有效值。**

1. 普通晶闸管反并联实现的单相交流调压电路

和整流电路一样，交流调压电路的工作情况与负载的性质有很大的关系。

（1）电阻性负载

讨论电阻性负载单相交流调压电路的工作情况基于以下理想条件：

① 交流电源为恒频、恒压正弦波；

② 晶闸管具有理想特性；

③ 负载为纯电阻；

④ 忽略电路的引线电感；

⑤ 电路工作已达稳态。

普通晶闸管反并联实现的单相交流调压电路如图 3-11 所示。晶闸管 VT_1 和 VT_2 反并联连接，再与负载电阻 R_L 串接到交流电源 u_2 上。在电源正半周 $\omega t = \alpha$ 时触发 VT_1 导通，有正向电流流过 R_L，负载端电压 u_R 为正值，电流过零时 VT_1 自行关断。在电源负半周 $\omega t = \pi + \alpha$ 时，再触发 VT_2 导通，有反向电流流过 R_L，其端电压 u_R 为负值，到电流过零时 VT_2 再次自行关断。改变 α 角，即可调节负载两端的输出电压有效值，实现交流调压。图 3-12 所示为单相交流调压电路的输出电压波形。

晶闸管反并联实现
的单相交流调压电
阻性负载电路调试

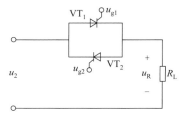

图 3-11　普通晶闸管反并联
实现的单相交流调压电路

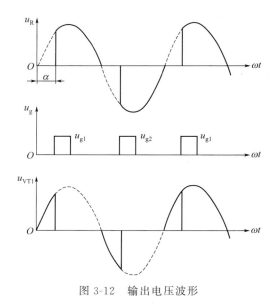

图 3-12　输出电压波形

电阻性负载时，负载电流和负载电压的波形相同，电阻负载 R_L 上交流电压有效值为

$$U_R = \sqrt{\frac{1}{\pi}\int_{\alpha}^{\pi}(\sqrt{2}U_2\sin\omega t)^2 \mathrm{d}(\omega t)} = U_2\sqrt{\frac{1}{2\pi}\sin 2\alpha + \frac{\pi - \alpha}{\pi}} \tag{3-3}$$

电流有效值为

$$I = \frac{U_R}{R} = \frac{U_2}{R}\sqrt{\frac{1}{2\pi}\sin2\alpha + \frac{\pi - \alpha}{\pi}}$$

(3-4)

电路功率因数为

$$\cos\phi = \frac{P}{S} = \frac{U_R I}{U_2 I} = \sqrt{\frac{1}{2\pi}\sin2\alpha + \frac{\pi - \alpha}{\pi}}$$

(3-5)

式中，U_2 为输入交流电压的有效值。由式（3-3）可以看出，随着 α 的逐渐增大，电阻 R_L 上的电压有效值 U_R 逐渐减小。当 $\alpha = \pi$ 时，$U_R = 0$，从图 3-12 也可证实。因此，**单相交流调压电路带电阻性负载时，负载两端电压可调范围为 0～U_2，控制角 α 的移相范围为 0～π。**

通过改变 α 可得到不同的输出电压有效值，从而达到交流调压的目的。由普通晶闸管反并联实现的单相交流调压电路，需要两组独立的触发电路分别控制两只晶闸管。只要在正负半周对称的相应时刻（α、$\pi + \alpha$）给触发脉冲，就可以得到可调的交流电压。

交流调压电路的触发电路完全可以套用晶闸管可控整流和有源逆变电路的移相触发电路，但是脉冲的输出必须通过脉冲变压器，两个副边绕组之间要有充分的绝缘。

（2）电感性负载

① 电感性负载单相交流调压电路的工作原理　带电感性负载的单相交流调压电路原理及工作波形如图 3-13 和图 3-14 所示。图中 u_{g1}、u_{g2} 为晶闸管 VT$_1$、VT$_2$ 的宽触发脉冲波形。**电感性负载是交流调压电路最常见的负载。**由于电感性负载电路中电流的变化滞后于电压的变化，因而和电阻性负载相比就有一些新的特点。在电源电压由正向负过零时，负载中电流要滞后一定 ϕ 角度才能到零，即电压过零时晶闸管不关断，管子要继续导通到电源电压的负半周才能关断。晶闸管导通角 θ 的大小，不仅与控制角 α 有关，而且也与负载的功率因数角 ϕ 有关。控制角越小，则导通角越大，负载的功率因数角 ϕ 越大，表明负载感抗大，自感电动势使电流过零的时间越长，因而导通角 θ 越大。

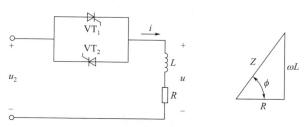

单相交流调压电路电感性负载电路的调试

图 3-13　单相交流调压电感负载电路

在电源电压正半周内，晶闸管 VT$_1$ 承受正向电压，当 $\omega t = \alpha$ 时，触发 VT$_1$ 使其导通，则负载上得到缺 α 角的正弦半波电压，**由于是感性负载，因此负载电流 i_o 的变化滞后电压的变化，电流 i_o 不能突变，只能从 0 逐渐增大。**当电源电压过 0 时，电流 i_o 会滞后于电源电压一定的相角减小到 0，VT$_1$ 才能关断，所以在电源电压过 0 点后 VT$_1$ 继续导通一段时间，输出电压出现负值，此时晶闸管的导通角 θ 大于相同控制角情况下的电阻性负载的导通角，晶闸管的导通角 $\theta > \pi - \alpha$。

在电源电压的负半周，晶闸管 VT$_2$ 承受正向电压，当 $\omega t = \pi + \alpha$ 时，触发 VT$_2$ 使其导通，则负载上又得到缺 α 角的正弦负半波电压，由于负载电感产生感应电动势阻止电流的变

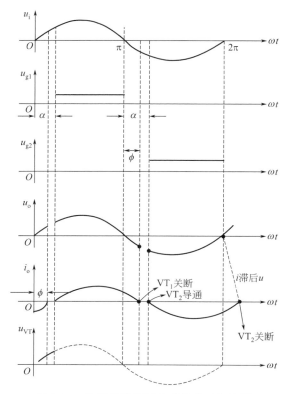

图 3-14　单相交流调压电感负载工作波形

化，因而电流 i_o 只能反方向从 0 开始逐渐增大。当电源电压过 0 时，电流 i_o 会滞后于电源电压一定的相角减小到 0，VT_2 才能关断，所以在电源电压过 0 点后 VT_2 继续导通一段时间，输出电压出现正值。由图 3-15 可见，负载电流 i_o 不连续。

② 讨论　下面分别就 $\alpha > \phi$、$\alpha = \phi$、$\alpha < \phi$ 三种情况来讨论调压电路的工作情况。

a.$\alpha > \phi$　由图 3-15 可见，当 $\alpha > \phi$ 时，导通角 $\theta < 180°$，即正负半周电流断续。α 越大，θ 越小，波形断续越严重。可见，α 在 $\phi \sim 180°$ 范围内，交流电压连续可调。电流电压波形如图 3-15（a）所示。

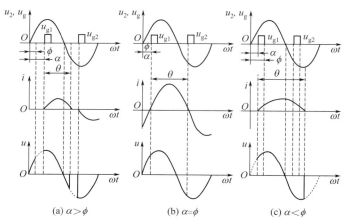

图 3-15　单相交流调压电感负载波形

b. $\alpha = \phi$　由图 3-15 可知，当 $\alpha = \phi$ 时，$\theta = 180°$。此时，每个晶闸管轮流导通 $180°$，相当于两个晶闸管轮流被短接，负载正负半周电流处于临界连续状态，相当于晶闸管失去控制，输出完整的正弦波，负载上获得最大功率，此时电流波形滞后电压 ϕ 角，电流电压波形如图 3-15（b）所示。

c. $\alpha < \phi$　此种情况，电源接通后，在电源电压的正半周，若先给 VT_1 管以触发脉冲，VT_1 管导通，可判断出它的导通角 $\theta > 180°$。如果触发脉冲为窄脉冲，当 u_{g2} 出现时，VT_1 管的电流还未到 0，VT_1 管关不断，而 VT_2 管受反向电压不能触发导通；当 VT_1 管电流到 0 关断时，u_{g2} 脉冲已消失，此时 VT_2 管虽已受正压，但也无法导通。到了下一周期，u_{g1} 又触发 VT_1 导通，重复上一周的工作，结果形成单相半波整流现象，如图 3-15（c）所示，这样负载电流只有正半波部分，回路中出现很大的直流电流分量，电路不能正常工作。

解决上述失控现象的办法：采用宽脉冲或脉冲序列触发，以保证 VT_1 管电流下降到 0 时，VT_2 管的触发脉冲信号还未消失，VT_2 可在 VT_1 电流为 0 关断后接着导通。 但 VT_2 的初始触发控制角 $\alpha + \theta - \pi > \phi$，即 VT_2 的导通角 $\theta < 180°$。从第二周期开始，由于 VT_2 的关断时刻向后移，因此 VT_1 的导通角逐渐减小，VT_2 的导通角逐渐增大，虽然在刚开始触发晶闸管的若干个周期内，两管的电流波形是不对称的，但当负载电流中的自由分量（i_o 由两个分量组成：正弦稳态分量、指数衰减分量）衰减后，负载电流即能得到完全对称连续的波形，这时两个晶闸管的导通角 $\theta = 180°$，达到平衡。电流滞后电源电压 ϕ 角，如图 3-16 所示。

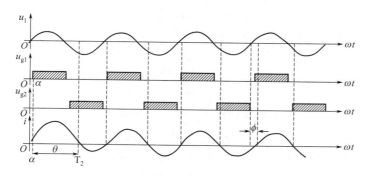

图 3-16　$\alpha \leqslant \phi$ 时电感性负载宽脉冲触发的工作波形

根据以上分析，当 $\alpha \leqslant \phi$ 并采用宽脉冲触发时，负载电压、电流总是完整的正弦波，改变控制角 α，负载电压、电流的有效值不变，即电路失去交流调压作用。**在感性负载时，要实现交流调压的目的，则最小控制角 $\alpha = \phi$（负载的功率因数角），所以 α 的移相范围为 $\phi \leqslant \alpha \leqslant \pi$。**

输出电压与 α 的关系（移相范围为 $\phi \leqslant \alpha \leqslant \pi$）：$\alpha = \phi$ 时，输出电压为最大，$U_o = U_i$；随着 α 的增大，U_o 降低，$\alpha = \pi$ 时，$U_o = 0$。

$\cos\phi$ 与 α 的关系：$\alpha = 0$ 时，功率因数 $\cos\phi = 1$；α 增大，输入电流滞后于电压且畸变，$\cos\phi$ 降低。

因而电感性负载时，晶闸管不能用窄脉冲触发，可采用宽脉冲或脉冲列触发。

综上所述，单相交流调压有如下特点：

① 电阻负载时，负载电流波形与单相桥式可控整流交流侧电流一致，改变控制角 α 可

以连续改变负载电压有效值，达到交流调压的目的，移相范围为 $0° \sim 180°$；

② 电感性负载时，不能用窄脉冲触发，否则当 $\alpha < \phi$ 时，会有一个晶闸管无法导通，且产生很大直流分量电流而烧毁熔断器或晶闸管；

③ 电感性负载时，最小控制角 $\alpha_{min} = \phi$（阻抗角），所以 α 的移相范围为 $\phi \sim 180°$。

双向晶闸管单相交流调压电路电阻性负载的调试

2. 双向晶闸管实现的单相交流调压电路

双向晶闸管实现的单相交流调压电路如图 3-17 所示。**其工作原理与普通晶闸管反并联实现的单相交流调压电路相同。** 具体分析过程及输出电压波形图也同普通晶闸管反并联实现的单相交流调压电路。这里不再赘述。

3. 单相交流调光灯电路

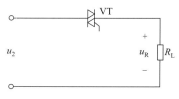

图 3-17 双向晶闸管实现的单相交流调压电路

图 3-1 为常用的双向晶闸管简易单相交流调光灯原理图，是单相交流调压电路的一个典型应用。其触发电路由双向触发二极管 VD，电阻 R_1、R_2，电位器 RP 及电容 C_1、C_2 等构成。双向晶闸管 VT 由 RC 充放电电路和双向触发二极管 VD 控制。当电容 C_2 电压升高到超过双向触发二极管 VD 的击穿电压 U_B 时，VD 导通，C_2 迅速放电，其放电电流使双向晶闸管导通，灯亮。改变电位器 RP 的阻值，即改变了 C_2 充电到 VD 击穿电压 U_B 的时间，达到改变控制角的目的。当电位器 RP 的阻值大于某一值时，可能 C_2 充电电压在电源半个周期内达不到 VD 的击穿电压，使控制角的移相范围受到一定限制。但增加 R_1 和 C_1 之后，C_1 的充电电压通过 R_2 给 C_2 充电，提高了 C_2 的端电压，从而扩大了移相范围，即扩大了白炽灯的最低亮度范围。

4. 实践问题

用一对反并联的晶闸管和用一只双向晶闸管进行交流调压时，它们的主要差别是什么？

双向晶闸管不论从结构上还是从特性上，都可以看成是一对反并联的晶闸管集成器件。它有一个门极，可用交流或直流脉冲触发，可正、反向导通，在交流调压或交流开关中使用，可简化结构、减少装置体积和重量、节省投资，且维修方便。

在交流调压使用一对反并联的晶闸管时，每只晶闸管至少有半个周期处于截止状态，有利于换流。而双向晶闸管需要承受正反向半波电流与电压，它在一个方向导通结束时，如果各 PN 结中的载流子还没有全部复合，这时在相反方向电压作用下，这些剩余载流子可能作为晶闸管反向工作时触发的电流而使之误导通，从而失去控制能力，导致换流失败。特别是电感性负载时，电流滞后于电压，当电流过零关断，器件承受的电压从零瞬时升高到很高的数值时，更容易导致换流失败。所以双向晶闸管更适合于中小容量电阻性负载的交流调压场合，如调光、调温电路。

● ● ● ● 【任务实施】 ●

这里以双向晶闸管实现的单相交流调压电路及普通晶闸管反并联实现的单相交流调压电路为例。

一、任务说明

(一) 双向晶闸管实现的单相交流调压电路调试

1. 所需仪器设备

① DJDK-1 型电力电子技术及电机控制实验装置(含 DJK01 电源控制屏、DJK22 单相交流调压/调功电路) 1 套。

② 双踪示波器 1 台。

③ 指针式万用表 1 块。

④ 导线若干。

2. 测试前准备

① 课前预习相关知识。

② 清点相关材料、仪器和设备。

③ 用指针式万用表测试晶闸管等器件的好坏。

④ 填写任务单测试前准备工作。

3. 操作步骤及注意事项

(1) 接线

① 将 DJK01 电源控制屏的电源开关打到"直流调速"侧, 使输出线电压为 200V, 用两根导线将 200V 交流电压接到 DJK22 的交流调压电路的"U_i"电源输入端。

② 接入 220V、40W 的灯泡负载。

③ 在负载两端并接交流电压表。

(2) 电路调试

① 按下电源控制屏的"启动"按钮, 打开交流调压电路的电源开关。

② 调节面板上的"移相触发控制"电位器 R_W, 观察白炽灯亮度和电压表读数的变化。

③ 观察负载两端波形并记录输出电压大小。调节"移相触发控制"电位器, 用双踪示波器观察并记录 $\alpha = 30°$、$60°$、$90°$、$120°$ 时电容器两端、双向晶闸管两端、双向晶闸管触发信号及白炽灯两端的波形, 并测量直流输出电压 U_o 和电源电压 U_i, 记录于任务单的测试过程记录表中。

注意　触发控制电路没有通过降压变压器隔离, 是交流电源直接对电容进行充电, 因此在实验时不要用手直接接触电路的任何部分, 以免触电。

4. 任务实施标准

测评内容	配分	评分标准	得分
接线	10	接线错误 1 根扣 5 分	
示波器使用	20	使用错误 1 次扣 5 分	
调光灯电路调试	40	1. 测试过程中错误 1 处扣 5 分 2. 参数记录, 每缺 1 项扣 2 分 3. 无数据分析扣 5 分, 分析错误或者不全酌情扣分	
安全操作	20	1. 违反操作规范 1 次扣 10 分 2. 元件损坏 1 个扣 10 分 3. 烧保险 1 次扣 10 分	
现场整理	10	1. 经提示后将现场整理干净扣 5 分 2. 不合格, 本项 0 分	
合　计　总　分			

（二）普通晶闸管反并联实现的单相交流调压电路调试

1. 所需仪器设备

① DJDK-1 型电力电子技术及电机控制试验装置（含 DJK01 电源控制屏、DJK02 晶闸管主电路、DJK03-1 晶闸管触发电路、D42 三相可调电阻）1 套。

② 双踪示波器 1 台。

③ 指针式万用表 1 块。

④ 导线若干。

2. 测试前准备

① 课前预习相关知识。

② 清点相关材料、仪器和设备。

③ 填写任务单测试前准备工作。

3. 操作步骤及注意事项

（1）触发电路测试

① 触发电路接线　将 DJK01 电源控制屏的电源开关打到"直流调速"侧，使输出线电压为 200V，用两根导线将 200V 交流电压（A、B）接到 DJK03-1 的"外接 220V 端"。

② 触发电路调试　按下"启动"按钮，打开 DJK03 电源开关，用示波器观察单相交流调压触发电路同步电压"1"～"5"孔及脉冲输出的波形。调节电位器 RP_1，观察锯齿波斜率是否变化。调节 RP_2，观察输出脉冲的移相范围如何变化，移相能否达到 170°，将波形和数据记录在任务单的测试过程记录中。

注意："G""K"输出端有电容影响，故观察触发脉冲电压波形时，需将输出端"G""K"分别接到晶闸管的门极和阴极（或者也可用约 100Ω 阻值的电阻接到"G""K"两端），来测晶闸管门极与阴极的阻值，否则无法观察到正确的脉冲波形。

（2）单相交流调压电阻负载调试

① 单相交流调压电阻性负载接线　将 DJK02 面板上的两个晶闸管反相并联构成交流调压电路，将触发器的输出脉冲端"G_1"、"K_1"、"G_2"和"K_2"分别接至主电路相应晶闸管的门极和阴极，接上电阻性负载，如图 3-18 所示。

注意　触发脉冲是从外部接入 DJK02 面板上晶闸管的门极和阴极，此时，应将所用晶闸管对应的触发脉冲开关拨向"断"的位置，并将 U_{lf} 及 U_{lr} 悬空，避免误触发。

② 单相交流调压电阻性负载调试　用示波器观察负载电压、晶闸管两端电压的波形。调节"单相调压触发电路"上的电位器 RP_2，观察 $\alpha = 30°$、60°、90°、120°时各点波形的变化，并在任务单的测试过程记录中记录波形和相应输出电压值。

（3）单相交流调压电阻电感性负载调试

① 单相交流调压电阻电感性负载接线　切断电源，将电感与电阻串联，改接为电阻电感性负载。

② 单相交流调压电阻电感性负载调试　按下"启动"按钮，用双踪示波器同时观察负载电压 U_o 波形。调节负载电路电阻的大小（注意观察电流，负载电流不要超过 1A），使阻抗角为一定值，观察在不同 α 角时波形的变化情况，记录 $\alpha > \phi$、$\alpha = \phi$、$\alpha < \phi$ 三种情况下负

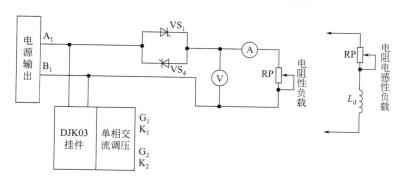

图 3-18　单相交流调压电路接线图

载两端的电压 U_o 波形。

4. 任务实施标准

测评内容	配分	评分标准	得分
接线	10	接线错误 1 根扣 5 分	
示波器使用	10	使用错误 1 次扣 5 分	
触发电路调试	20	1.测试过程错误 1 处扣 5 分 2.参数记录,每缺 1 项扣 2 分	
电阻性负载电路调试	20	1.测试过程错误 1 处扣 5 分 2.参数记录,每缺 1 项扣 2 分	
电阻电感性负载调试	20	1.测试过程错误 1 处扣 5 分 2.参数记录,每缺 1 项扣 2 分	
安全操作	10	1.违反操作规范 1 次扣 10 分 2.元件损坏 1 个扣 10 分 3.烧保险 1 次扣 10 分	
现场整理	10	1.经提示后将现场整理干净扣 5 分 2.不合格,本项 0 分	
合　计　总　分			

二、任务结束

任务结束后，**确认电源已经断开**，整理操作台，清扫场地。

三、任务思考

1.在交流调压电路中，使用双向晶闸管有什么好处？

2.单相交流调压电路，负载阻抗角为 30°，问控制角 α 的有效移相范围有多大？

3.单相交流调压主电路中，对于电阻-电感负载，为什么晶闸管的触发脉冲要用宽脉冲或脉冲列？

4.一台 220V/10kW 的电炉，采用单相交流调压电路，现使其工作在功率为 5kW 的电

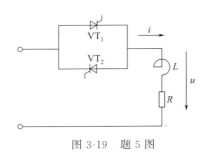

图 3-19 题 5 图

路中，试求电路的控制角 α、工作电流以及电源侧功率因数。

5. 图 3-19 所示单相交流调压电路，$U_2 = 220V$，$L = 5.516\text{mH}$，$R = 1\Omega$，试求：

① 控制角 α 的移相范围；

② 负载电流最大有效值；

③ 最大输出功率和功率因数。

6. 试用双向晶闸管设计一个交流调速电路，并说明调速原理。

 项目总结

本项目主要介绍了双向晶闸管、双向二极管、单相交流调光灯电路的设计制作与调试。通过本项目任务实施，完成了双向晶闸管器件质量的鉴别、双向晶闸管构成的触发电路连接及调试工作，为后续学习三相可控整流电路的设计与制作奠定了基础。

 电阻电感性负载

一、电阻电感性负载时阻抗角的确定

负载阻抗角的确定，常采用直流伏安法来测量内阻，如图 3-20 所示。

电抗器的内阻为：

$$R_L = U_L / I$$

电抗器的电感量可采用交流伏安法测量，如图 3-21 所示。由于电流大时，对电抗器的电感量影响较大，采用自耦调压器调压，多测几次取其平均值，从而可得到交流阻抗。

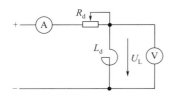

图 3-20 用直流伏安法测量电抗器内阻

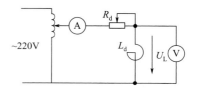

图 3-21 用交流伏安法测电感量

电抗器交流电抗为：

$$Z_L = \frac{U_L}{I} \tag{3-6}$$

电抗器的电感为：

$$L = \frac{\sqrt{Z_L^2 - R_L^2}}{2\pi f} \tag{3-7}$$

$$\phi = \arctan \frac{\omega L}{R_d + R_L} \tag{3-8}$$

这样，即可求得负载阻抗角。

在实训中，欲改变阻抗角，只需改变负载电路 R_d 的电阻值即可。

二、电阻电感性负载时参数计算

电阻电感性负载时，在 $\omega t = \alpha$ 时刻触发晶体管 VT_1，负载电流 i 与负载电阻 R、电感 L 以及电源电压 u_2 之间，应满足如下微分方程和初始条件

$$L\frac{\mathrm{d}i}{\mathrm{d}t} + Ri = \sqrt{2}U_2\sin\omega t \tag{3-9}$$

$$i\big|_{\omega t = \alpha} = 0$$

解该方程得

$$i = \frac{\sqrt{2}U_2}{Z}\left[\sin(\omega t - \phi) - \sin(\alpha - \phi)\mathrm{e}^{\frac{\alpha - \omega t}{\tan\phi}}\right], \quad \alpha \leqslant \omega t \leqslant \alpha + \theta \tag{3-10}$$

式中，$Z = \sqrt{R^2 + (\omega t)^2}$，$\theta$ 为晶闸管导通角。

利用边界条件（$\omega t = \alpha + \theta$ 时，$i = 0$）可求得 θ：

$$\sin(\alpha + \theta - \phi) = \sin(\alpha - \phi)\mathrm{e}^{\frac{-\theta}{\tan\phi}} \tag{3-11}$$

VT_2 导通时，上述关系完全相同，只是电流 i 的极性相反，相位相差 $180°$。

当控制角为 α 时，负载电压有效值 U、晶闸管电流有效值 I_T、负载电流有效值 I 分别为

$$U = \sqrt{\frac{1}{\pi}\int_\alpha^{\alpha+\theta}(\sqrt{2}U_2\sin\omega t)^2\mathrm{d}(\omega t)} = U_2\sqrt{\frac{\theta}{\pi} + \frac{1}{\pi}[\sin 2\alpha - \sin(2\alpha + 2\theta)]} \tag{3-12}$$

$$I_\mathrm{T} = \sqrt{\frac{1}{2\pi}\int_\alpha^{\alpha+\theta}\left\{\frac{\sqrt{2}U_2}{Z}\left[\sin(\omega t - \phi) - \sin(\alpha - \phi)\mathrm{e}^{\frac{\alpha - \omega t}{\tan\phi}}\right]\right\}^2\mathrm{d}(\omega t)}$$

$$= \frac{U_2}{\sqrt{2\pi}Z}\sqrt{\theta - \frac{\sin\theta\cos(2\alpha + \phi + \theta)}{\cos\phi}} \tag{3-13}$$

$$I = \sqrt{2}I_\mathrm{T} \tag{3-14}$$

项目实战

实战一　KS 的测试

一、实战目的

① 要求熟练使用 MF47 型指针式万用表。

② 会用 MF47 型指针式万用表检测 KS 的质量。

二、实战器材

MF47 型指针式万用表、螺栓式 KS、平板式 KS、塑封式 KS。

三、实战内容

① MF47 型指针式万用表的使用。

② 用 MF47 型指针式万用表检测 KS：螺栓式 KS 检测；平板式 KS 检测；塑封式 KS 检测。

四、实战考核标准

测评内容	配分	评分标准	扣分	得分
MF47 型指针式万用表的使用	20	1.使用前的准备工作没进行　　　　扣 5 分 2.读数不正确　　　　　　　　　　扣 5 分 3.操作错误　　　　　　　　　　每处扣 5 分 4.由于操作不当导致仪表损坏　　　扣 20 分		
检测 KS 的质量	70	1.使用前用的准备工作没进行　　　扣 5 分 2.检测挡位不正确　　　　　　　　扣 15 分 3.操作错误　　　　　　　　　　每处扣 5 分 4.由于操作不当导致元器件损坏　　扣 30 分		
安全文明生产	10	违反安全生产规程视现场具体违规情况扣分		
实 战 总 分				

实战二　KS 实现的单相交流调压电路的维调

一、实战目的

① 熟悉 KS 实现的单相交流调压电路结构和原理。

② 会进行触发电路的调试。

③ 会用示波器、万用表等仪器仪表对电路波形及数据进行测量、分析。

二、实战器材

DJDK-1 型电力电子技术及电机控制实验装置（含 DJK01 电源控制屏、DJK22 单相交流调压/调功电路一套）、双踪示波器 1 台、MF47 型指针式万用表 1 块和导线若干。

三、实战内容

① MF47 型指针式万用表、双踪示波器的使用。

② 完成触发电路的接线并调试。

③ 根据测量的数据及观察的波形对触发电路分析。

④ 掌握该电路的结构和原理。

四、实战考核标准

测评内容	配分	评分标准	扣分	得分
接线	10	接线错误 1 根扣 5 分		
MF47 型示波器使用	30	使用错误 1 次扣 5 分		
单相交流调光灯电路调试	50	1.测试过程中错误 1 处扣 5 分 2.参数记录，每缺 1 项扣 2 分 3.无数据分析扣 5 分，分析错误或者不全酌情扣分		
安全文明生产	10	违反安全生产规程视现场具体违规情况扣分		
实 战 总 分				

实战三　普通 SCR 反并联实现的单相交流调压电路的维调

一、实战目的

① 熟悉普通 SCR 反并联实现的单相交流调压电路结构和原理。

② 会进行触发电路的调试。

③ 会用示波器、万用表等仪器仪表对电路波形及数据进行测量、分析。

二、实战器材

DJDK-1 型电力电子技术及电机控制试验装置（含 DJK01 电源控制屏、DJK02 晶闸管主电路、DJK03-1 晶闸管触发电路、D42 三相可调电阻）1 套、双踪示波器 1 台、MF47 型指针式万用表 1 块和导线若干。

三、实战内容

① MF47 型指针式万用表、双踪示波器的使用。

② 完成触发电路的接线并调试。

③ 根据测量的数据及观察的波形对触发电路分析。

④ 掌握电阻性负载和电阻电感性负载电路的结构和原理。

四、实战考核标准

测评内容	配分	评分标准	扣分	得分
接线	10	接线错误 1 根扣 5 分		
示波器使用	20	使用错误 1 次扣 5 分		
调光灯电路调试	20	1. 测试过程错误 1 处扣 5 分 2. 参数记录，每缺 1 项扣 2 分		
电阻性负载电路调试	20	1. 测试过程错误 1 处扣 5 分 2. 参数记录，每缺 1 项扣 2 分		
电阻电感性负载调试	20	1. 测试过程错误 1 处扣 5 分 2. 参数记录，每缺 1 项扣 2 分		
安全文明生产	10	违反安全生产规程视现场具体违规情况扣分		
实　战　总　分				

五、实践互动

注意：完成以下实践互动，需要先扫描下方二维码下载项目三实践互动资源。

① 普通晶闸管反并联实现的单相交流调压电感性负载电路调试（$\alpha > \phi$）。

② 普通晶闸管反并联实现的单相交流调压电感性负载电路调试（$\alpha = \phi$）。

③ 普通晶闸管反并联实现的单相交流调压电感性负载电路调试（$\alpha < \phi$）。

项目三　实践
互动资源

三相整流电源的设计、安装及维调

项目引领

　　三相可控整流电路根据整流电路结构形式又可分为半波、全波和桥式等类型，在生产实际中，主要用于直流电动机调速、同步电动机励磁、电镀、电焊等功率较大、需要可调节直流电源的场合。

项目目标

　　① 熟悉掌握三相半控、全控桥式整流电路的原理。
　　② 熟悉掌握三相整流电源的设计方法。
　　③ 通过项目实战掌握三相整流电路的触发电路和主电路综合调试，培养学生的劳动意识和良好的劳动习惯，传承劳动精神，并培养学习者的职业素养和协作能力。

▶ 任务一　三相整流电源的设计

【任务分析】

　　三相可控整流电路中，最基本的是三相半波可控整流电路，应用最为广泛的是三相桥式全控整流电路，该电路可在三相半波可控整流电路的基础上进行分析。通过完成本任务，使学生掌握三相可控整流电路工作原理及三相整流电源的设计等实际应用。

【知识链接】

一、三相半波可控整流电路

　　三相半波可控整流电路有两种接线方式，分别为共阴极、共阳极接法。由于共阴极接法触发脉冲有共用线，使用、调试方便，所以三相半波共阴极接法常被采用。本章节以三相半波共阴极接法为例。

1. 电阻性负载

（1）控制角 $\alpha=0°$ 时的电路分析

三相半波可控整流电路共阴极接法如图 4-1（a）所示。电路中变压器一次侧采用三角形连接，防止三次谐波进入电网；二次侧采用星形连接，可以引出中性线。3 个晶闸管的阴极短接在一起，阳极分别接到三相电源。图 4-1（b）为电源电压波形，如果将图 4-1（a）中的 3 个晶闸管换成整流二极管，那么每个时刻只有一个整流二极管因承受正向电压而导通，而在三相电压正半周交点［图 4-1（b）中 1、2、3 等点］时，将从一个导通的整流二极管切换成另一个导通的整流二极管，因此称这些点为整流的自然换流点。

三相桥式全控整流
电路电阻性负载的
调试

如果将整流二极管换成晶闸管，这些点就表示各晶闸管在一个周期中能被触发导通的最早时刻（1 点离 a 相电压 u_a 的原点 $\pi/6$），该点作为控制角 α 的计算起点，下面就从这一时刻开始分析电路的工作过程。

当 $\alpha=0°$ 时（1 点所处时刻），VS_1 导通，负载得到 a 相相电压。同理，隔 120°电角度（即 2 点时刻）触发 VS_2，则 VS_2 导通，因 $u_b>u_a$，则 VS_1 反偏而关断，负载得到 b 相相电压。3 点时刻触发 VS_3 导通，而 VS_2 关断，负载上得到 c 相相电压。如此循环下去。输出电压 u_d 是一个脉动的直流电压，如图 4-1（d）所示。在一个周期内 u_d 有 3 次脉动，脉动的最高频率是 150Hz。从中可看出，三相触发脉冲依次间隔 120°电角度，在一个周期内三相电源轮流向负载供电，每相晶闸管各导通 120°，负载电流是连续的。

图 4-1（e）所示为流过 a 相晶闸管 VS_1 的电流波形，其他两相晶闸管的电流波形形状相同，相位依次间隔 120°。变压器绕组中流过的是直流脉动电流，在一个周期中，每相绕组只工作 1/3 周期，所以存在变压器铁芯直流磁化和利用率不高的问题。

图 4-1（f）是 VS_1 上电压的波形。VS_1 导通时为零；在 VS_2 导通时，VS_1 承受的是线电压 u_{ab}；在 VS_3 导通时，VS_1 承受的是线电压 u_{ac}。其他两只晶闸管上的电压波形形状相同，只是相位依次相差 120°。

（2）控制角 $\alpha=30°$ 时的电路分析

图 4-2 所示是 $\alpha=30°$ 时的波形。设在 ωt_1 时刻以前 VS_3 已导通，负载上获得 c 相相电压 u_c，当电源经过自然换流点 ωt_0 时，因为 VS_1 的触发脉冲 u_{g1} 还没来到，因而不能导通，而 u_c 仍大于零，所以 VS_3 不能关断而继续导通，输出电压 u_d 仍为 c 相相电压，直到 ωt_1 时刻，此时 u_{g1} 触发 VS_1 导通，而 $u_a>u_c$，使 VS_1 承受反向电压而关断，负载电流从 c 相换到 a 相。以后在 ωt_2 时刻，从 a 相换到 b 相，并如此循环下去。从图 4-2（c）中可以看出输出电压 u_d 波形与控制角 $\alpha=0°$ 时的变化。因电源输出接电阻性负载，因此输出电流 i_d 与电压 u_d 波形相同，而 $\alpha=30°$ 时的电流波形是连续的临界状态，即控制角如果超过 30°，输出电流将出现断续。一个周期每只晶闸管仍导通 120°。

图 4-2（d）所示是流过 a 相晶闸管 VS_1 的电流波形，其他两相晶闸管的电流波形现状相同，相位依次相差 120°。与控制角 $\alpha=0°$ 时情况相同，变压器绕组中流过的是直流脉动电流，在一个周期中，每相绕组只工作 1/3 周期，所以也存在变压器铁芯直流磁化和利用率不高的问题。

图 4-2（e）所示是 VS_1 电压波形。VS_1 导通时电压为零；在 VS_2 导通时，VS_1 承受的是线电压 u_{ab}；在 VS_3 导通时，VS_1 承受的是线电压 u_{ac}。所受的反向电压与 $\alpha=0°$ 时相同，

波形形状的不同是因为 VS_1 导通截止的时刻有所变化，导致对应的线电压形状不同。其他两只晶闸管上的电压波形形状相同，只是相位依次相差 $120°$。

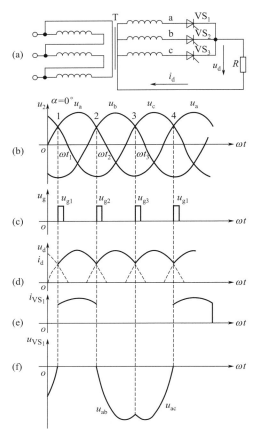
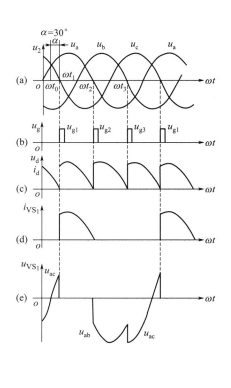

图 4-1　三相半波可控整流电路电阻性
负载电路及 $\alpha=0°$ 时的波形
（a）电路；（b）电源相电压；（c）触发脉冲；
（d）输出电压、电流；（e）晶闸管 VS_1 上的电流；
（f）晶闸管 VS_1 上的电压

图 4-2　三相半波可控整流电路电阻性
负载 $\alpha=30°$ 时的波形
（a）电源相电压；（b）触发脉冲；（c）输出电压、电流；
（d）晶闸管 VS_1 上的电流；（e）晶闸管 VS_1 上的电压

（3）控制角 $\alpha=60°$ 时的电路分析

图 4-3 所示是 $\alpha=60°$ 时电路输出波形，设在 ωt_2 前晶闸管 VS_3 已导通，电路输出 c 相相电压 u_c。当电源经过自然换流点 ωt_0 时，因为 VS_1 的触发脉冲 u_{g1} 还没到来，因而不能导通，而 u_c 仍大于零，所以 VS_3 不能关断而继续导通，输出电压 u_d 仍然为 c 相相电压；当 ωt_1 时刻 u_c 过零变负时，VS_3 因承受反向电压而关断。此时 VS_1 虽已承受正向电压，但因其触发脉冲 u_{g1} 尚未到来，故不能导通。此后，直到 u_{g1} 来到前的一段时间内，各相都不导通，输出电压、电流都为零，电流出现断续。

在 ωt_2 时刻，当 u_{g1} 来到时，VS_1 导通，输出电压为 a 相相电压 u_a。

在 ωt_3 时刻，a 相相电压过零变负，VS_1 承受反向电压而关断，此后输出电压、电流为零，直到 ωt_4 时刻，u_{g2} 来到，触发晶闸管 VS_2 导通，电路输出 b 相相电压，依次循环。当控制角 α 继续增大时，整流电路输出电压 u_d 将继续减小。当 $\alpha=150°$ 时，u_d 减小到零。

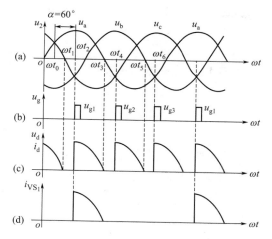

图 4-3　三相半波可控整流电路电阻性负载 $\alpha=60°$ 时的波形

（a）电源相电压；（b）触发脉冲；（c）输出电压、电流；（d）晶闸管 VS_1 上的电流

（4）定量分析

① 控制角 $\alpha=0°$ 时，输出电压 u_d 最大，α 增大，输出电压减小。当 $\alpha=150°$ 时输出电压为零，后面晶闸管不再承受正向电压，也就是晶闸管无法导通，所以最大移相范围为 $0°\sim 150°$。$\alpha\leqslant 30°$，电流（压）连续，每相晶闸管的导通角 $\theta=120°$；当 $\alpha>30°$ 时，电流（电压）断续，导通角 $\theta<120°$，导通角为 $\theta=150°-\alpha$。

② 由于每相导通情况相同，故只需在 1/3 周期内求取输出电路电压的平均值。

当 $\alpha\leqslant 30°$ 时，电压、电流连续，输出直流电压平均值 U_d 为

$$U_d=\frac{1}{2\pi/3}\int_{\frac{\pi}{6}+\alpha}^{\frac{5\pi}{6}+\alpha}\sqrt{2}U_2\sin\omega t\,\mathrm{d}(\omega t)=1.17U_2\cos\alpha\qquad 0°<\alpha\leqslant 30° \tag{4-1}$$

式中，U_2 是变压器二次侧相电压有效值。

当 $30°<\alpha\leqslant 150°$ 时，电路输出电压 u_d、输出电流 i_d 波形连续，如图 4-3 所示，导通角 $\theta=150°-\alpha$，可求得输出电压的平均值为

$$U_d=\frac{1}{2\pi/3}\int_{\frac{\pi}{6}+\alpha}^{\pi}\sqrt{2}U_2\sin\omega t\,\mathrm{d}(\omega t)=1.17U_2\left[1+\cos(30°+\alpha)\right]/\sqrt{3}\quad 30°<\alpha\leqslant 150°$$

$$\tag{4-2}$$

③ 负载电流的平均值为

$$I_d=\frac{U_d}{R} \tag{4-3}$$

流过每只晶闸管的平均电流 I_{dV} 为

$$I_{dV}=\frac{1}{3}I_d \tag{4-4}$$

流过每只晶闸管电流的有效值为

$$I_V=\frac{U_2}{R}\sqrt{\frac{1}{2\pi}\left(\frac{2\pi}{3}+\frac{\sqrt{3}}{2}\cos 2\alpha\right)}\qquad \theta<\alpha\leqslant 30° \tag{4-5}$$

$$I_V = \frac{U_2}{R}\sqrt{\frac{1}{2\pi}\left(\frac{5\pi}{6}-\alpha+\frac{\sqrt{3}}{4}\cos2\alpha+\frac{1}{4}\sin2\alpha\right)} \qquad 30°<\alpha\leqslant150° \tag{4-6}$$

④ 晶闸管所承受的最大反向电压为电源线电压峰值，即 $\sqrt{6}U_2$；最大正向电压为电源相电压峰值，即 $\sqrt{2}U_2$。

2. 电感性负载

（1）普通电路

如图 4-4（a）所示。当 $\alpha\leqslant30°$ 时，电路输出电压 u_d 波形与电阻性负载一样。当 $\alpha>30°$ 时，以 a 相为例，晶闸管 VS_1 导通到其阳极电压 u_a 过零变为负时，负载电流趋于减小，L 上的自感电动势 e_L 将阻碍电流减小，电路中晶闸管 VS_1 仍承受正向电压，维持 VS_1 一直导通，这样电路输出电压 u_d 波形出现负电压部分，如图 4-4（b）所示。当 u_{g2} 触发晶闸管 VS_2 导通时，因 b 相电压大于 a 相电压，使 VS_1 承受反向电压而关断，电路输出 b 相相电压。晶闸管 VS_2 关断过程与 VS_1 相同。

三相半波可控整流
电感性负载控制系
统的调试(0°~90°)

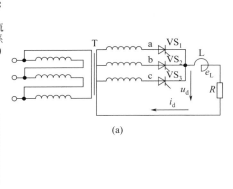

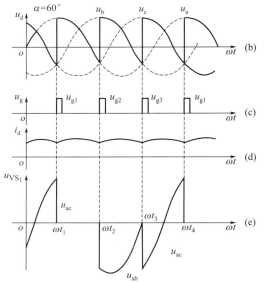

三相半波可控整流
电感性负载控制系
统的调试(90°~150°)

图 4-4 三相半波可控整流电路电感性负载 $\alpha=60°$ 时的波形

（a）电路；（b）输出电压；（c）触发脉冲；（d）输出电流；（e）晶闸管 VS_1 上的电压

因此，尽管 $\alpha>30°$，仍可使各相器件导通 120°，保证电流连续。电感性负载时，虽然 u_d 脉动较大，但可使负载电流 i_d 波形基于平直。负载电流 i_d 波形如图 4-4（d）所示。图 4-4（e）是晶闸管 VS_1 上的电压波形。在 $\omega t_1\sim\omega t_2$ 期间，VS_1 导通，VS_1 上的电压为零；在 $\omega t_2\sim\omega t_3$ 期间，VS_2 导通，VS_1 承受线电压 u_{ab}；在 $\omega t_3\sim\omega t_4$ 期间，VS_3 导通，VS_1 承受线电压 u_{ac}。由以上分析可得：

① 晶闸管承受的最大正、反向电压均为线电压峰值，即 $\sqrt{6}U_2$，这一点与电阻性负载时晶闸管承受 $\sqrt{2}U_2$ 的正向是不同的。

② 输出电压的平均值 U_d 为

$$U_d = \frac{1}{2\pi/3}\int_{\frac{\pi}{6}+\alpha}^{\frac{5\pi}{6}+\alpha}\sqrt{2}U_2\sin\omega t\,\mathrm{d}\omega t = 1.17U_2\cos\alpha \tag{4-7}$$

负载电流的平均值 I_d 为

$$I_d = 1.17 \frac{U_2}{R} \cos\alpha \tag{4-8}$$

流过晶闸管的电流平均值 I_{dV} 与有效值 I_V 为

$$I_{dV} = \frac{1}{3} I_d \tag{4-9}$$

$$I_V = \frac{1}{\sqrt{3}} I_d = 0.557 I_d \tag{4-10}$$

③ 由式（4-7）可知，当 $\alpha = 0°$ 时，U_d 最大；当 $\alpha = 90°$ 时，$U_d = 0$。因此电感性负载时，三相半波整流电路的移相范围为 $0° \sim 90°$，小于电阻性负载电路的移相范围。

（2）带续流二极管电路

三相半波可控整流电路带电感性负载时，可以通过加接续流二极管解决因控制角 α 接近 $90°$ 时，输出电压波形出现正负面积相等而使其平均电压为零的问题，电路形式如图 4-5（a）所示。图 4-5（b）、（c）是加接续流二极管 VD 后，电感性负载电路当 $\alpha = 60°$ 时输出的电压、电流波形。

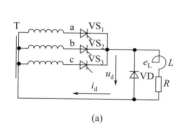
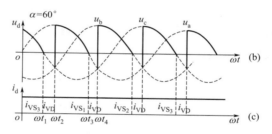

三相半波可控整流电路电感性负载接续流二极管的调试

图 4-5　三相半波可控整流电路电感性负载带续流二极管后 $\alpha = 60°$ 时的波形
（a）电路；（b）输出电压；（c）输出电流

在 ωt_1 时刻以前，假设晶闸管 VS_3 导通，电路输出 c 相电压。在 ωt_1 时刻，c 相电压过零变为负值，使电流有减小的趋势，由于电感 L 作用，产生自感电动势 e_L，方向与电流 i_d 的方向一致，因此使续流二极管 VD 导通，此时电路输出电压 u_d 为 VD 两端电压，近似为零，电感 L 输出电流 i_d 保持连续。由于 c 相电流为零，使晶闸管 VS_3 关断。

在 $\omega t_1 \sim \omega t_2$ 期间，续流二极管 VD 导通，电感 L 使输出电流 i_d 保持连续，波形如图 4-5（c）所示。

在 ωt_2 时刻，触发脉冲 u_{g1} 使晶闸管 VS_1 导通后，a 相相电压使续流二极管 VD 承受反向电压而截止，电路输出 a 相相电压，以后重复上述过程。

从图 4-5 中可以明显看出，u_d 的波形与纯电阻性时一样，不会出现负电压的切换，u_d 的计算公式也与电阻性负载时相同。一个周期内，晶闸管的导通角 $\theta_V = 150° - \alpha$。续流二极管 VD 在一个周期内导通 3 次，因此导通角 $\theta_{VD} = 3(\alpha - 30°)$。

流过晶闸管的电流平均值和有效值分别为

$$I_{dV} = \frac{\theta_V}{2\pi} I_d = \frac{150° - \alpha}{360°} I_d \tag{4-11}$$

$$I_V \sqrt{\frac{\theta_V}{2\pi}} I_d = \sqrt{\frac{150° - \alpha}{360°}} I_d \qquad (4\text{-}12)$$

流过续流二极管的电流平均值和有效值分别为

$$I_{dD} = \frac{\theta_{VD}}{2\pi} I_d = \frac{\alpha - 30°}{120°} I_d \qquad (4\text{-}13)$$

$$I_D = \sqrt{\frac{\theta_{VD}}{2\pi}} I_d = \sqrt{\frac{\alpha - 30°}{120°}} I_d \qquad (4\text{-}14)$$

3. 反电动势负载

串联平波电抗器的直流电动机就是一种反电动势负载。当电感 L 足够大时，负载电流 i_d 波形近似于一条直线，电路输出电压 u_d 的波形及计算方法与电感负载时一样。但当电感 L 不够大或负载电流太小，L 中存储的磁场能量不足以维持电流连续时，u_d 波形会出现阶梯形状，u_d 的计算不再符合前面的公式。在实际应用中，对于反电动势负载，都要串联足够大的平波电抗器，以保证直流电动机的电流连续，尽可能避免出现电流断续的情况。

4. 三相半波可控共阳极整流电路

图 4-6（a）所示电路为三相半波可控共阳极整流电路。共阳极连接时，晶闸管只能在相电压的负半周工作，其阴极电位为负且有触发脉冲时导通，换相总是换到阴极电位更低的那一相。相电压负半周的交点就是共阳极接法的自然换流点。

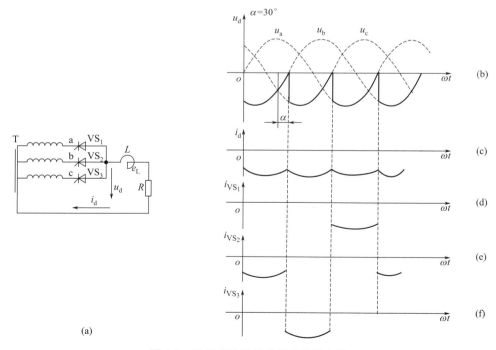

(a)

图 4-6 三相半波可控共阳极整流电路

（a）电路；（b）输出电压；（c）输出电流；（d）晶闸管 VS$_1$ 上的电流；

（e）晶闸管 VS$_2$ 上的电流；（f）晶闸管 VS$_3$ 上的电流

共阳极连接工作情况、波形及数量关系与共阴极接法相同，仅输出极性相反。其输出电压波形和 3 个晶闸管中的电流波形如图 4-6（b）、（c）、（d）、（e）、（f）所示，均在水平轴下方。电感性负载时，U_d 的计算公式为

$$U_d = -1.17 U_2 \cos\alpha \tag{4-15}$$

式（4-15）中的负号表示电源零线是负载电压的正极端。

三相半波可控整流电路只用 3 个晶闸管，接线方式简单，与单相整流电路相比，其输出电压脉动小、输出功率大、三相平衡。但是整流变压器二次绕组一个周期只有 1/3 时间流过电流，变压器效率低。另外，变压器二次绕组中电流是单方向的，其直流分量在磁路中产生直流不平衡电动势，会引起附加损耗。如不用变压器，则负载中线电流较大，同时交流侧的直流电流分量会造成电网的附加损耗。因此这种电路多用于中等偏小容量的设备。

二、三相桥式全控整流电路

三相桥式全控整流电路由一组共阴极接法的三相半波可控整流电路和一组共阳极接法的三相半波可控整流电路串联而成，如图 4-7 所示，因此整流输出电压的平均值 U_d 是三相半波整流时的 2 倍，在电感性负载时

$$U_d = 2 \times 1.17 U_2 \cos\alpha = 1.35 U_{2L} \cos\alpha \tag{4-16}$$

与三相半波可控整流电路相比，若输出电压相同时，对晶闸管最大正、反向电压要求低一半，若输入电压相同时，则输出电压 u_d 比三相半波可控整流时 u_d 高一倍。另外，由于共阴极组在电源电压正半周时导通，流经变压器二次侧绕组的电流为正；共阳极组在电源电压负半周时导通，流经变压器二次侧绕组的电流为负，因此在一个周期中变压器绕组不但提高了导电时间，而且也无直流流过，这样就克服了三相半波可控整流电路存在直流磁化和变压器利用率低的缺点。

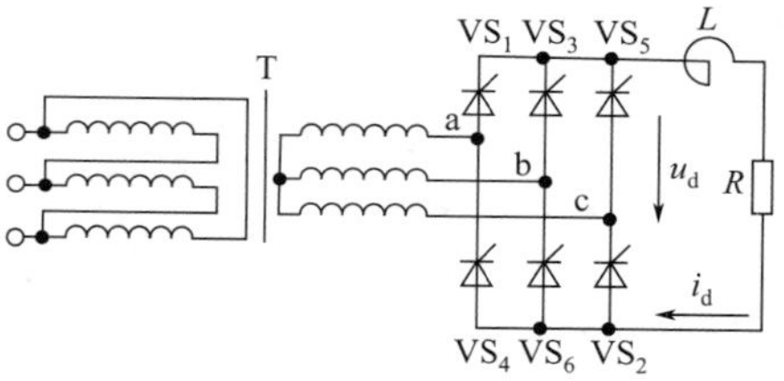

共阴极组的晶闸管依次编号为 VS_1、VS_3、VS_5，共阳极组的晶闸管依次编号为 VS_4、VS_6、

图 4-7　三相全控桥式整流电路

VS_2。把 VS_1 和 VS_4 称为同一桥臂上的两个晶闸管，其他两组 VS_3 和 VS_6、VS_5 和 VS_2 相同。因为三相全控桥大多用于对串联平波电抗器的直流电动机负载供电，因此重点分析电感性负载时电路的工作情况。

1. 控制角 $\alpha = 0°$

（1）工作过程分析

图 4-8 为控制角 $\alpha = 0°$ 时电路中的波形。为便于分析，把一个周期分为 6 段，每段相隔 60°。在第 1 段期间，a 相电位 u_a 最高，共阴极组 VS_1 被触发导通，b 相电位 u_b 最低，共阳极组 VS_6 被触发导通，如图 4-7 所示，电流路径为 $u_a \to VS_1 \to R(L) \to VS_6 \to u_b$。变压器 a、b 两相工作，共阴极组的 a 相电流 i_a 为正，共阳极组的 b 相电流 i_b 为负，输出电压为线电压 $u_d = u_{ab}$，如图 4-8（d）所示。

在第 2 段期间，u_a 仍最高，VS_1 继续导通，而 u_c 变为最低，当电源过自然换流点时触发 VS_2 导通，c 相电压低于 b 相电压，VS_6 因承受反向电压而关断，电流则从 b 相换到 c 相，这时电流路径为 $u_a \to VS_1 \to R(L) \to VS_2 \to u_c$。变压器 a、c 两相工作，共阴极组的 a 相

电流 i_a 为正，共阳极组的 c 相电流 i_c 为负，输出电压为线电压 $u_d = u_{ac}$。

三相桥式全控整流
双管脉冲集成触发
控制系统的调试

三相桥式全控整流
电路阻感性负载接
续流二极管的调试

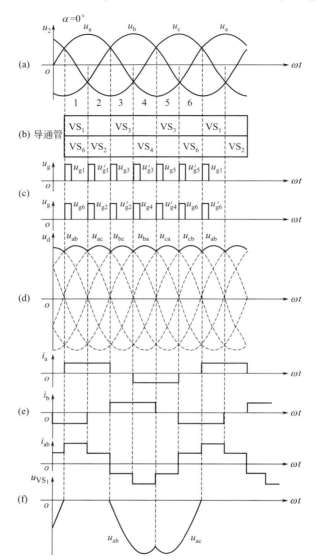

图 4-8　三相全控桥电感性负载 $\alpha = 0°$ 时的波形

（a）电源相电压；（b）晶闸管导通情况；（c）触发脉冲；（d）输出电压；
（e）变压器次级相电流及线电流；（f）晶闸管 VS_1 上的电压

在第 3 段期间，u_b 为最高，共阴极组在自然换流点时触发 VS_3 导通，由于 b 相电压高于 a 相电压，VS_1 承受反向电压而关断，电流从 a 相换到 b 相。VS_2 因为 u_c 仍未最低而继续导通。这时电流路径为 $u_b \to VS_3 \to R(L) \to VS_2 \to u_c$，变压器 b、c 两相工作，共阴极组的 b 相电流 i_b 为正，共阳极组的 c 相电流 i_c 为负，输出电压为线电压 $u_d = u_{bc}$。其余各段以此类推，可得到第 4 段时输出电压 $u_d = u_{ba}$，第 5 段时输出电压 $u_d = u_{ca}$，第 6 段时输出电压 $u_d = u_{bc}$。此后重复上述过程。由以上分析可知，三相全控桥式整流电路晶闸管的导通换流顺序是：$6 \to 1 \to 2 \to 3 \to 4 \to 5 \to 6$。

输出电流 i_d 波形因平波电抗器 L 的作用，在一个周期内可近似看成一条直线。

（2）波形分析

三相全控桥式整流电路在任何时刻，必须保证有两个不同桥臂的晶闸管同时导通，才能构成回路。换流只能在本组内进行，每隔120°换流一次。由于共阴极组和共阳极组换流点相隔60°，所以每隔60°有一个器件换流。同组内各晶闸管的触发脉冲相位差为120°。接在同一桥臂的两个器件的触发脉冲相位差为180°，而相邻两脉冲的相位差是60°。器件导通及触发脉冲情况如图4-8（b）、（c）所示。

为了保证整流启动时共阴极与共阳两组各有一个晶闸管导通，或电流断续后能使关断的晶闸管再次导通，必须对应导通的一对晶闸管同时加触发脉冲。采用宽脉冲（必须大于60°，小于120°，一般取80°～100°）或双窄脉冲（在一个周期内对每个晶闸管连续触发两次，两次间隔为60°）都可达到上述目的。采用双窄脉冲触发方式如图4-8（c）所示。双窄脉冲触发电路虽然复杂，但可减小触发电路功率与脉冲变压器体积。

整流输出电压 u_d 由线电压波头 u_{ab}、u_{ac}、u_{bc}、u_{ba}、u_{ca}、u_{cb} 组成，其波形是上述线电压的包络线。可以看出，三相全控桥式整流电压 u_d 在一个周期内脉动6次，脉动频率为300Hz，比三相半波整流电压 u_d 的频率大一倍。

图4-8（e）所示为流过变压器二次侧的相电流和电源线电流波形。由于变压器采用△/Y接法，使电源线电流为正负面积相等的阶梯波，波形更接近正弦波，谐波影响小。

图4-8（f）所示为晶闸管所承受的电压波形。分析方法与三相半波可控整流电路相同。由图中可以得到：在第1、2段的120°范围内，因为 VS_1 导通，故 VS_1 承受的电压为零；在3、4两段的120°范围内，因 VS_3 导通，所以 VS_3 承受反向线电压为 u_{ab}；在5、6两段的120°范围内，因 VS_5 导通，所以 VS_1 承受反向线电压为 u_{ac}。同理，可分析其他晶闸管所承受电压的情况。当 α 变化时，晶闸管电压波形也发生规律的变化。晶闸管所承受最大正、反向电压均为线电压峰值，即

$$U_{Vmax} = \sqrt{6}U_2 \tag{4-17}$$

脉冲的移相范围在阻感性负载时为0°～90°（如图4-4所示，u_2 过零时，VS_1 不关断，直到 VS_2 的脉冲到来才换流，由 VS_2 导通向负载供电，同时向 VS_1 施加反向电压使其关断，因此阻感性负载时为0°～90°）。当电路接电阻性负载时，在 $\alpha > 60°$ 时波形断续，晶闸管的导通要维持到线电压过零反向才关断，移相范围为0°～120°。

流过晶闸管的电流与三相半波相同，电流的平均值和有效值分别为

$$I_{dV} = \frac{1}{3}I_d \tag{4-18}$$

$$I_V = \sqrt{1/3}\,I_d = 0.577I_d \tag{4-19}$$

2. 控制角 $\alpha > 0°$ 时的电路分析

当 $\alpha > 0°$ 时，每个晶闸管都不在自然换流点换流，而是后移一个 α 开始换流，图4-9、图4-10、图4-11分别是 α 为30°、60°、90°时的电路波形。

下面以 $\alpha = 30°$ 为例说明电路的工作过程。

在 ωt_1 时刻以前，c相电压最高，b相电压最低，此时晶闸管 VS_5、VS_6 导通，电路输出电压为线电压 u_{cb}，即 $u_d = u_{cb}$。

在 ωt_1 时刻，a相电压最高，正向触发脉冲使晶闸管 VS_1 导通，同时使

三相桥式全控整流电路电感性负载的调试($\alpha > 0°$)

VS₅ 承受反向电压而关断，实现共阴极组的 a 相与 c 相间的换流。经过自然换相点后，共阳极组 c 相电压虽然低于 b 相电压，但 c 相的负脉冲未到，所以接在 b 相的晶闸管 VS₆ 继续导通，即此时 VS₁、VS₆ 导通，电路输出电压为线电压 u_{ab}，即 $u_d = u_{ab}$。

在 ωt_2 时刻，c 相电压最低，负向触发脉冲使晶闸管 VS₂ 导通，同时使 VS₆ 承受反向电压而关断，实现共阳极组的 c 相与 b 相间的换流。经过自然换相点后，共阴极组 b 相电压虽然高于 a 相电压，但 b 相的正脉冲未到，所以接在 a 相的晶闸管 VS₁ 继续导通，即此时 VS₁、VS₂ 导通，电路输出电压为线电压 u_{ac}，即 $u_d = u_{ac}$。

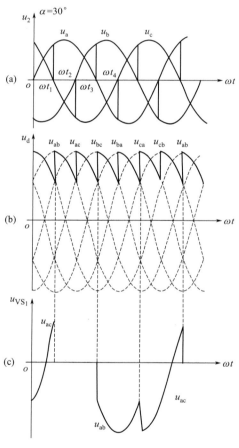

图 4-9　三相全控桥电感性负载
$\alpha = 30°$时的电压波形
（a）电源相电压；（b）输出电压；
（c）晶闸管 VS₁ 上的电压

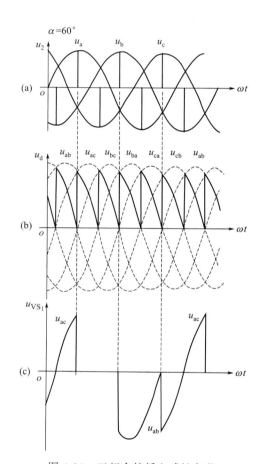

图 4-10　三相全控桥电感性负载
$\alpha = 60°$时的电压波形
（a）电源相电压；（b）输出电压；
（c）晶闸管 VS₁ 上的电压

在 ωt_3 时刻，共阴极组从 a 相换流为 b 相，晶闸管 VS₁ 关断，VS₃ 导通，即此时 VS₃、VS₂ 导通，电路输出电压为线电压 u_{bc}，即 $u_d = u_{bc}$。

在 ωt_4 时刻，共阳极组从 c 相换流为 a 相，晶闸管 VS₂ 关断，VS₄ 导通，即此时 VS₃、VS₄ 导通，电路输出电压为线电压 u_{ba}，即 $u_d = u_{ba}$。

以后重复上述过程。

三相全控桥式整流电路输出接电阻性负载时，其控制角移相范围为 $0°\sim120°$，由于没有电感的作用，控制角 $\alpha \geqslant 60°$ 时，负载电流出现断续。

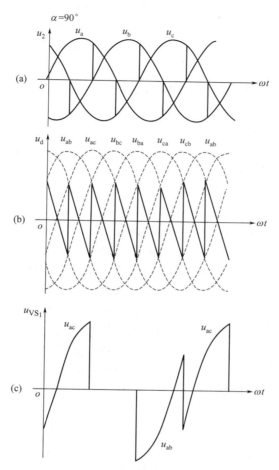

图 4-11　三相全控桥电感性负载 $\alpha = 90°$ 时的电压波形
（a）电源相电压；（b）输出电压；（c）晶闸管 VS_1 上的电压

▶ 任务二　三相整流电源的安装及维调

●●●【任务分析】●●●●●●●●●●●●●●●●●●●●●●●●●●●●●●

通过完成三相整流电源的安装及维调任务，使学生掌握三相整流电源工作原理，并在项目的安装与调试过程中培养职业素养。

●●●【知识链接】

一、三相半波可控整流电路组成的直流电源

要获得电压可调的直流电源，除了前面介绍过的三相可控整流电路外，通过对电路中晶

闸管的控制而构成的可控制电路也是必不可少的部分。

1. KC04 集成触发器

KC 系列集成触发器品种多，功能全，可靠性高，调试方便，应用非常广泛。下面介绍 KC04 集成触发器。

KC04 集成触发器主要用于单相或三相全控桥式晶闸管整流电路作为触发电路，其主要技术参数有：

电源电压   DC±15V（允许波动 5%）；

电源电流   正电流≤15mA，负电流≤8mA；

脉冲宽度   400μs～2ms；

脉冲幅值   ≥13V；

移相范围   >180°（同步电压 u_V=30V 时，为 150°）；

输出最大电流   100mA；

环境温度   −10～70℃。

图 4-12 所示是 KC04 集成触发器的内部电路。它由同步电路、锯齿波形成电路、移相电路、脉冲形成电路和脉冲输出电路组成。同步电路可以输出一个与正弦交流电源同频率的方波。通过锯齿波电路形成与方波同频率的锯齿波。触发电路中控制角 α 的改变是通过控制电压增大或减小来实现的，当控制电压 u_K 增大时，通过移相电路可使触发脉冲前移，从而减小控制角 α 的大小，使整流电路的输出电压增大，反之则减小。脉冲形成电路和脉冲输出电路相互配合，产生两路相位相差 180°、功率足够大的脉冲。

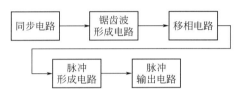

图 4-12   KC04 集成触发器的内部电路组成

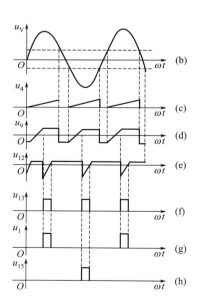

(a)

图 4-13   KC04 组成的触发器及各引脚的波形

（a）触发电路；（b）同步电压波形；（c）引脚 4 波形；（d）引脚 9 波形；（e）引脚 12 波形；
（f）引脚 13 波形；（g）引脚 1 波形；（h）引脚 15 波形

图 4-13（a）所示是 KC04 作为触发电路的典型应用电路图。它是一个 16 脚标准封装的集成块。其中引脚 1、引脚 15 是两路脉冲的输出端，引脚 1 脉冲超前引脚 15 脉冲 $180°$；引脚 2、10、14 为满足封装标准的没有作用的空脚。

同步电压 u_V 通过电阻 R_3、R_4 和电位器 RP_2 接入引脚 8。电阻 R_4、电位器 RP_2 和集成块内部电路共同实现输入限流，而电阻 R_2 和电容 C_2 起抗干扰作用。

电阻 R_1、电阻 R_2、电位器 RP_1、电容 C_1、集成块反向电源、KC04 内部电路共同组成锯齿波形成电路。锯齿波斜率的大小由电阻 R_1、电位器 RP_1 和电容 C_1 共同决定。引脚 4 可检测这一波形。

电阻 R_5、电阻 R_6、电阻 R_7、电位器 RP_3、电位器 RP_4、正负电源与 KC04 内部电路共同组成移相电路。控制电压 u_K、偏移电压 u_P 分别通过电阻 R_6、R_7 在引脚 9 叠加后，控制 KC04 内部电路中晶体管的导通和关断时刻，从而控制输出脉冲左右移动。当控制电压 u_K 增大时，脉冲左移，控制角 α 减小；当控制电压 u_K 减小时，脉冲右移，控制角 α 增大。偏移电压 u_P 的作用是当控制电压 u_K 为零时，可用偏移电压 u_P 来确定脉冲的起始位置。观察引脚 9 的波形，可看出控制电压对波形的作用。

电阻 R_8、电容 C_3、集成块正向电流与 KC04 内部电路共同组成脉冲形成电路，而脉冲的宽度由时间常数 $R_8 C_3$ 的大小决定。观察引脚 12，可看到一个反向尖脉冲，其宽度可决定输出脉冲的宽度。

KC04 的引脚 13 为脉冲列调制端，此端在正同步电压的每半个周期输出一个脉冲。引脚 14 为脉冲封锁控制端。当将此引脚接地时，集成块的输出端引脚 1、引脚 15 将没有脉冲输出。

在 KC04 触发器的基础上采用四级晶闸管作脉冲记忆，可构成改进型产品 KC09。KC09 与 KC04 可以互换，但提高了抗干扰能力和触发脉冲的前沿陡度，脉冲调节范围增大了。

2. 同步电压的获取

三相半波可控整流的完整电路如图 4-14 所示，由 3 只晶闸管构成，输出接电阻性负载，这种电路的移相范围为 $0°\sim150°$。可选用 3 块 KC04 作为其触发器，只要接入正确的同步电压，即可保证电路正常工作。

KC04 移相集成触发器的调试

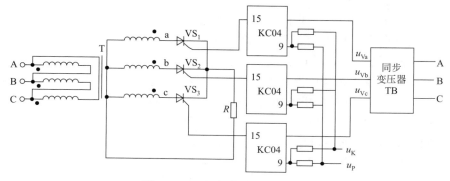

图 4-14　三相半波可控直流电源

同步电压 u_{Va}、u_{Vb} 和 u_{Vc} 在晶闸管装置中非常重要，它们可保证送到主电路各晶闸管的触发脉冲与其阳极电压之间保持正确的相位关系，从而使整个电路正常工作。

很明显，触发脉冲必须在晶闸管阳极电压为正的区间内出现，才能被触发导通。这主要由触发电路中的同步电压 u_V 决定，由控制电压 u_K、偏移电压 u_P 的大小来产生移相。就是说，必须根据被触发晶闸管的阳极电压相位，正确供给触发电路特定相位的同步电压 u_V，以使触发电路在晶闸管需要触发脉冲的时刻输出脉冲。这种正确选择同步电压相位以及得到不同相位的同步电压的方法，称为晶闸管装置的同步或定相。

触发电路采用 KC04 集成触发电路，选用引脚 15 输出的脉冲，即图 4-13（h）中 u_{15} 所示的波形，它是在同步电压的负半周输出触发脉冲。整流电路的移相范围要求 150°，考虑到 KC04 电路中电容在相电压两端充放电时间的非线性，触发脉冲的起始位是在自然换相点，即控制角 $\alpha=0°$ 是在相电压 30° 处，故取相电压中 30°～180° 作为控制角 $\alpha=0°～150°$ 移相区间。

以 a 相晶闸管 VS$_1$ 为例，$\alpha=0°$ 时，触发电路产生的触发脉冲应对准 a 相电压的自然换流点，即对准相电压 u_a 的 $\alpha=30°$ 时刻。而触发脉冲正好就在锯齿波的充电过程中（即上升的直线段）产生，所以，锯齿波的起点正好是相电压 u_a 的上升过零点，如图 4-15 所示。u_{15} 的脉冲是在同步电源 u_{Va} 的负半周产生，这样，控制锯齿波电压的同步电压 u_{Va} 应与晶闸管阳极电压 u_a 相位上相差 180°，就可获得与主电路 a 相电源同步的触发脉冲。同理，u_{Vb} 与 u_b、u_{Vc} 与 u_c 也应在相位上相差 180°。3 个触发电路的同步电压应选取为 $-u_a$、$-u_b$ 和 $-u_c$。

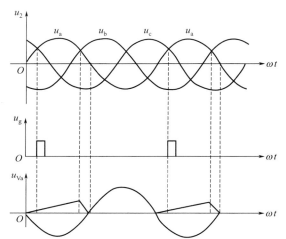

图 4-15 主电压与同步电压的相位关系

如何获得上述同步电压呢？晶闸管通过同步变压器 TB 的不同连接方式，再配合阻容移相，得到特定相位的同步电压。三相同步变压器有 24 种接法，可得到 12 种不同相位的次级电压，通常用钟点数来形象地表示各相的相位关系，这在"电机拖动"课程中讨论过。由于同步变压器次级电压要分别接至各触发电路，需要有公共接地端，所以同步变压器次级绕组采用星形连接，同步变压器只能有 Y/Y、△/Y 两种形式的接法。实现同步，就要确定同步变压器的接法，具体步骤如下。

① 根据主电路形式、触发电路形式与移相范围，来确定同步电压 u_V 与对应的晶闸管阳极电压之间的相位关系。本电路中为相位相差 180°。

② 根据整流变压器 T 的实际连接或钟点数，以电网某线电压作参考矢量，画出整流变压器次级电压，也就是晶闸管阳极电压的矢量。再根据步骤①所确定的同步电压与晶闸管阳极电压的相位关系，画出同步相电压与同步线电压矢量图。

③ 根据同步变压器次级线电压矢量位置，确定同步变压器的钟点数和连接方法。

按照上述步骤实现同步时，为了简化步骤，只要先确定一只晶闸管触发电路的同步电压，然后对比其他晶闸管阳极电压的相位顺序，依次安排其余触发电路的同步电压即可。

3. 三相集成触发器 TC787/TC788

TC787 和 TC788 是采用独有的先进的 IC 工艺技术，并参照国外最新集成移相触发集成电路设计的单片集成电路。它可单电源工作，亦可双电源工作，适用于三相晶闸管移相触发和三相功率晶体管脉宽调栅电路，以构成多种交流调速和变流装置，具有功耗小、功能强、输入阻抗高、抗干扰性能好、移相范围宽、外接元器件少等优点，而且装调简便，使用可靠。

TC787（或 TC788）的引脚排列如图 4-16 所示。各引脚的名称、功能及用法如下。

（1）同步电压输入端

引脚 1（V_c）、引脚 2（V_b）及引脚 3（V_a）为三相同步输入电压连接端。应用中，分别接经输入滤波后的同步电压，同步电压的峰值应不超过 TC787/TC788 的工作电源电压 V_{DD}。

（2）脉冲输出端

在半控单脉冲工作模式下，引脚 8（C）、引脚 10（B）、引脚 12（A）分别为与三相同步电压正半周对应的同相触发脉冲输出端，而引脚 7（−B）、引脚 9（−A）、引脚 11（−C）分别为与三相同步电压负半周对应的反相触发脉冲输出端。当 TC787 或 TC788 被设置为全控双窄脉冲工作方式时，引脚 8 为

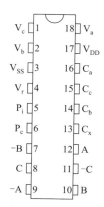

图 4-16　TC787/TC788 引脚

与三相同步电压中 c 相正半周及 b 相负半周对应的两个脉冲输出端；引脚 12 为与三相同步电压中 a 相正半周及 c 相负半周对应的两个脉冲输出端；引脚 11 为与三相同步电压中 c 相负半周及 b 相正半周对应的两个脉冲输出端；引脚 9 为与三相同步电压中 a 相同步电压负半周及 c 相电压正半周对应的两个脉冲输出端；引脚 7 为与三相同步电压中 b 相电压负半周及 a 相电压正半周对应的两个脉冲输出端；引脚 10 为与三相同步电压中 b 相正半周及 a 相负半周对应的两个脉冲输出端。应用中，均接脉冲功率放大环节的输入或脉冲变压器所驱动开关管的控制极。

（3）控制端

① 引脚 4（V_r）　移相控制电压输入端。该端输入电压的高低直接决定着 TC787/TC788 输出脉冲的移相范围。应用中，接给定环节输出，其电压幅值最大为 TC787/TC788 的工作电源电压（V_{DD}）。

② 引脚 5（P_i）　输出脉冲禁止端。该端用来进行故障状态下封锁 TC787/TC788 的输出，高电平有效。应用中，接保护电路的输出。

③ 引脚 6（P_c）　TC787/TC788 工作方式设置端。当该端接高电平时，TC787/TC788 输出双脉冲列；而当该端接低电平时，输出单脉冲列。

④ 引脚 13（C_x）　该端连接的电容器的容量决定着 TC787 或 TC788 输出脉冲的宽度，电容器的容量越大，则脉冲宽度越宽。

⑤ 引脚 14（C_b）、引脚 15（C_c）、引脚 16（C_a）　对应三相同步电压的锯齿波电容器连接端。该端连接的电容器值大小决定了移相锯齿波的斜率和幅值，应用中分别通过一个相同容量的电容器接地。

（4）电源端

TC787/TC788 可单电源工作，亦可双电源工作。单电源工作时引脚 3（V_{SS}）接地，而引脚 17（V_{DD}）允许施加的电压为 8～18V。双电源工作时，引脚 3（V_{SS}）接负电源，其允许施加的电压为 −9～−4V，引脚 17（V_{DD}）接正电源，允许施加的电压为 4～9V。

TC787 的工作波形如图 4-17 所示。

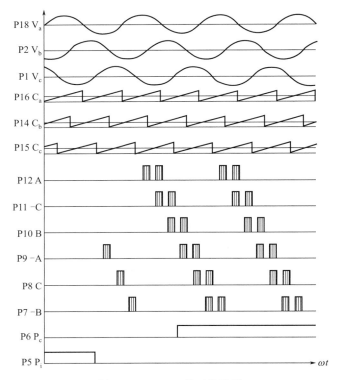

图 4-17   TC787 的工作波形

二、三相桥式全控整流电路组成的直流电源

电路由 6 只晶闸管构成，因此可以选用 3 块 KC04 输出 6 路脉冲，但为了使电路中的晶闸管可靠导通，多采用双窄脉冲控制。

KC41C 双脉冲
形成器的调试

6 路双脉冲触发器 KC41C

三相桥式全控整流电路对触发脉冲的要求如下。

① 一个周期内共需 6 路输出脉冲。

② 共阴极组 A、B、C 相触发脉冲在电源的正半周产生，互差 120°。为了保证晶闸管可靠触发，脉冲可以用宽脉冲，或同一相脉冲在相隔 60°时再补发一个脉冲，称为双窄脉冲。

③ 共阳极组触发脉冲在电源的负半周产生，其要求与共阳极组相同，多采用双窄脉冲。

④ 接在同一相的两个晶闸管的触发脉冲相差 180°。

⑤ 在同一相电源中，需要 4 个脉冲，两个在正半周产生，互差 60°；另两个相差 180°后，在电源的负半周产生，互差 60°。

三相桥式全控整流电路要求用双窄脉冲触发，即用两个间隔 60°的窄脉冲去触发晶闸管。产生双脉冲的方法有两种：一种是每个触发电路在每个周期内只产生一个脉冲，脉冲输出电路同时触发两个桥臂的晶闸管，称作外双脉冲触发；另一种方案是每个触发电路在一个周期内连续发出两个相隔 60°的窄脉冲，脉冲输出电路只触发一只晶闸管，称为内双脉冲触发。内双脉冲触发是目前应用最多的一种触发方式。

KC41C 是一种内双脉冲触发器，它一般不单独使用，常与 KC04 结合起来产生触发脉冲，实现控制触发晶闸管的功能。图 4-18 所示是这种集成触发器的接线方式和各引脚波形。图中引脚 1～6 是 6 路脉冲输入端，通常接在 3 个 KC04 的 6 个输出脉冲端，每路脉冲由 KC41C 内部二极管组成 6 路电流放大器，分 6 路双脉冲输出。当控制端引脚 7 接低电平时，引脚 10～15 共有 6 路脉冲输出。当引脚 7 接高电平时，各路输出脉冲被封锁。输出波形如图 4-18（b）所示。当在 KC41C 的输入端接入 6 路满足三相桥式全控整流电路的脉冲时，其输出端将输出电路所需的双窄脉冲。

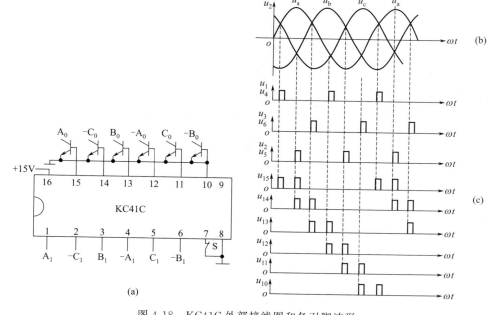

图 4-18　KC41C 外部接线图和各引脚波形
（a）KC41C 外部接线图；（b）电源电压；（c）各引脚波形

利用 3 个 KC04 与一个 KC41C 可组成三相桥式全控整流的触发电路，如图 4-19 所示。电路的控制电压 u_K、偏移电压 u_P 分别接入 3 个 KC04 相应的接线端，与每一个的同步电压 u_V 结合，3 个 KC04 的输出端产生 6 路脉冲，其中 A_i 与 $-A_i$、B_i 与 $-B_i$、C_i 与 $-C_i$ 相位互差 180°，由于它们的同步电压分别是 u_{Va}、u_{Vb} 和 u_{Vc}，所以与三相电源的相位关系相同，A_i、B_i、C_i 三者之间的相位互差 120°，$-A_i$、$-B_i$、$-C_i$ 三者的相位也互差 120°。在时间上相邻两个脉冲之间的相位正好相差 60°。它们的脉冲顺序：$A_i \rightarrow -C_i \rightarrow B_i \rightarrow -A_i \rightarrow C_i \rightarrow -B_i$，这正好符合三相桥式全控整流电路中各相晶闸管的脉冲要求。

由于三相全控整流电路要求双窄脉冲触发，所以再将这 3 个 KC04 的输出端接入一个 KC41C 的输入端，就可在 KC41C 的输出端获得满足以上条件的相位关系，同时又是双窄脉冲输出的脉冲列。6 个输出端正好与三相全控桥的 6 只晶闸管的控制极相接，A_0 接 V_1 的控制极，$-C_0$ 接 V_2 的控制极，B_0 接 V_3 的控制极，接线顺序如图 4-18 所示。

调节图 4-20 中控制电压 u_K、偏移电压 u_P、主电路输出端，即可获得电压可调的直流电。而通过同步变压器 TB 获取的同步电压，是电路正常工作的保证，现说明如下。

图 4-20 所示的三相桥式全控整流电路，整流变压器 T 为 △/Y-5 接法。采用锯齿波同步触发电路的 KC40 触发器。如果电路工作处于整流与逆变状态，那么控制角的移相范围为 0°～180°。考虑到电容的充放电在电源起始处的非线性，移相范围后移 30°，因此取相电压的 30°～

210°作为控制角 0°～180°移相区间。

在实际应用中，通常要将同步变压器 TB 次级电压 u_V 经阻容滤波后变为 u_V'，再送至触发电路，即 u_V' 滞后 u_V 30°。由图 4-13 可看出，一个 KC04 可以输出相位相差 180° 的两路脉冲。以 A 相为例，将输出的正脉冲接至桥式全控整流电路中的晶闸管 VS_1 的控制极，负脉冲接到晶闸管 VS_4 的控制极，实际的同步电压 u_V 与 A 相相电压 u_a 同相即可满足要求。由于同步电压 u_V 滞后 u_V' 30°，因此，只需保证同步电压 u_V 超前相电压 u_a 30°，就可满足同步电压 u_V' 与 A 相相电压 u_a 同相的要求。可以通过矢量图来确定同步变压器的连接方式。

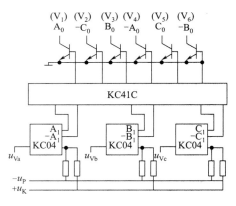

图 4-19 KC04 和 KC41C 组成的三相桥式全控触发电路

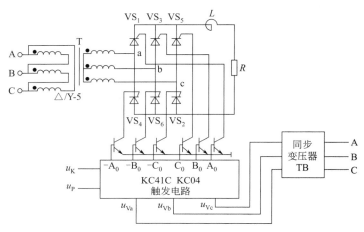

图 4-20 三相桥式全控直流电源

整流变压器 T 是△/Y-5 形连接，以电源线电压 $\dot{U}_{AB}$ 作为参考相量，可以画出整流变压器 T 的矢量图，主电路 A 相相电压 $\dot{U}_{ab}$ 滞后线电压 $\dot{U}_{AB}$ 150°，如图 4-21（a）所示。依据同步电压 $\dot{U}_{Va}$ 超前相电压 $\dot{U}_a$ 30°，可画出它的相量，设同步变压器二次侧接成 Y 形，则可画出相电压 $\dot{U}_{Vb}$ 滞后 $\dot{U}_{Va}$ 120°，从而画出同步变压器二次侧线电压 $\dot{U}_{Vab}$ 的矢量图如图 4-21（b）

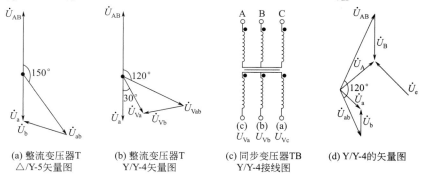

(a) 整流变压器T
△/Y-5矢量图

(b) 整流变压器T
Y/Y-4矢量图

(c) 同步变压器TB
Y/Y-4接线图

(d) Y/Y-4的矢量图

图 4-21 矢量图及同步变压器接线图

所示。由图中可看出同步变压器二次侧线电压 $\dot{U}_{Vab}$ 滞后电源线电压 $\dot{U}_{AB}$ 120°，因是偶数钟点数，则可确定同步变压器为 Y/Y-4 连接。

Y/Y-4 连接如图 4-21（c）所示。要获得 Y/Y-4 连接，同步变压器二次侧三相相电压的相序需做出相应的改变。

● ● ● ● 【任务思考】 ●

1. 晶闸管可控整流电路中直流端的蓄电池或直流电动机应该属于（　　）负载。

　　A. 电阻性　　　　　　　　B. 电感性　　　　　　　　C. 反电动势

2. 三相全控整流装置一共用了（　　）个晶闸管。

　　A. 3　　　　　　　　　　B. 6　　　　　　　　　　C. 9

3. 为了让晶闸管可控整流电感性负载电路正常工作，应在电路中接入（　　）。

　　A. 晶体管　　　　　　　　B. 续流二极管　　　　　　C. 熔丝

4. 晶闸管整流电路中"同步"的概念是指（　　）。

　　A. 触发脉冲与主电路电压同时到来，同时消失

　　B. 触发脉冲与电源电压频率相同

　　C. 触发脉冲与主电路电压频率在相位上具有相互协调配合的关系

　　D. 触发脉冲与主电路电压频率相同

5. 晶闸管触发电路的同步电压一般有＿＿＿＿＿＿电压和＿＿＿＿＿＿电压。

6. 在三相桥式全控整流电路中，共阴极组 VT_1、VT_3、VT_5 的脉冲依次相差＿＿＿＿＿，共阳极组 VT_2、VT_4、VT_6 的脉冲依次相差＿＿＿＿＿；同一相上下两个桥臂，即 VT_1 与 VT_4、VT_3 与 VT_6、VT_5 与 VT_2 脉冲相差＿＿＿＿＿＿。

7. 三相半波可控整流电路中的 3 个晶闸管的触发脉冲相位按相序依次相差＿＿＿＿＿，当它带阻感负载时，α 的移相范围为＿＿＿＿＿。

8. 电阻性负载三相半波可控整流电路中，晶闸管所承受的最大正向电压 U_{Fm} 等于＿＿＿＿＿，晶闸管控制角 α 的最大移相范围是＿＿＿＿＿。

9. 三相半波整流电路，大电感负载时，电源电压 $U_2 = 220V$，$R_d = 2\Omega$，$\alpha = 45°$，试计算 U_d、I_d，画出 u_d 波形。

10. 三相全控整流电路，$U_d = 230V$，求：①确定变压器二次电压；②选择晶闸管电压等级。

11. 对晶闸管的触发电路有哪些要求？

12. 三相半波可控整流电路，$U_2 = 100V$，带电阻电感负载，$R = 5\Omega$，L 值极大，当 $\alpha = 60°$ 时，要求：①画出 u_d、i_d 和 i_{VT_1} 的波形；②计算 U_d、I_d、I_{dT} 和 I_{VT}。

项目总结

本项目通过三相整流电源的设计，引入三相半控、桥式全控整流电路。通过三相半控、桥式全控整流电路的原理分析，掌握三相整流电源设计方法，其中贯穿晶闸管集成触发电路的应用。通过项目实施，加深对这些电路的理解，掌握触发电路和主电路综合调试的方法。在项目实施过程中，培养解决问题、分析问题的能力。

实战一　三相半波可控整流电路的调试

一、实战目的

① 能正确调试三相集成触发电路。

② 能正确调试三相半波整流电路。

③ 能对三相半波整流电路的故障进行分析与排除。

二、实战器材

MF47 型指针式万用表、单结晶体管、晶闸管等。

三、实战内容

（1）认识三相集成触发电路

三相集成触发电路由 TC787 扩展而成，主要包括给定、触发电路（TC787）及正桥功放电路。其示意图如图 4-22 下部所示。具体电路可参考实际装置。

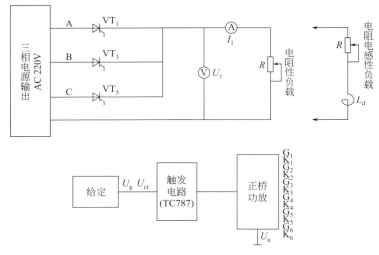

图 4-22　三相半波及触发电路示意图

（2）接线调试

① 打开总电源开关，观察输入的三相电网电压是否平衡。

② 三相同步变压器接成 Y/Y 型，并把相应的中点和地各自相连。

③ 打开电源开关，观察 A、B、C 三相同步正弦波信号，并调节三相同步正弦波信号幅值调节电位器（在各观测孔下方），使三相同步信号幅值尽可能一致。观察触发电路三相锯齿波，使三相锯齿波斜率、高度尽可能一致。

④ 将"给定"输出 U_g 与移相控制电压 U_{ct} 相接，使给定 $U_g = 0$（即 $U_{ct} = 0$），调节偏移电压电位器，用双踪示波器观察 A 相同步电压信号和"双脉冲观察孔"VT_1 的输出波形，使 $\alpha = 180°$。

⑤ 适当增加给定 U_g 的正电压输出，观测 $VT_1 \sim VT_6$ 的波形，观察晶闸管 $VT_1 \sim VT_6$ 门极和阴极之间的触发脉冲是否正常。

（3）三相半波可控整流电路带电阻性负载

三相半波可控整流电路用了 3 只晶闸管，与单相电路比较，其输出电压脉动小，输出功率大。不足之处是晶闸管电流（即变压器的二次侧电流）在一个周期内只有 1/3 时间有电流流过，变压器利用率较低。图 4-22 中电阻器 R 用 450Ω 可调电阻器，电抗器 L_d 用 200mH，其三相触发信号由专门的电流提供，在其外加个给定电压接到 U_{ct} 端即可。

按图 4-22 接线，将可调电阻器调到最大阻值处，打开电源开关，给定电压从零开始，慢慢增加移相电压，使 α 能在 30°～170°范围内调节，用示波器观察，并记录 $\alpha=30°$、60°、90°、120°、150°时整流输出电压 u_d 和晶闸管两端电压 u_T 的波形，记录相应交流电源电压 U_2、直流负载电压 U_d 和电流 I_d 的数值。

（4）三相半波可控整流电路带电感性负载

将 200mH 的电抗器与负载电阻 R 串联后接入主电路，观察并记录 α 角为 30°、60°、90°时 u_d、i_d 的输出波形，并记录相应的电源电压 U_2 及 U_d、I_d 值。

四、实战考核标准

测评内容	配分	评分标准		扣分	得分
指针式万用表、慢扫描示波器的使用	30	1. 使用前的准备工作没进行 2. 读数不正确 3. 操作错误 4. 由于操作不当导致仪表损坏	扣 5 分 扣 15 分 每处扣 5 分 扣 20 分		
三相半波可控整流电路带电阻性、电感性负载	70	1. 使用前的准备工作没进行 2. 检测挡位不正确 3. 操作错误 4. 由于操作不当导致元器件损坏	扣 5 分 扣 15 分 每处扣 5 分 扣 30 分		
安全文明操作		违反安全生产规程视现场具体违规情况扣分			
合计总分					

实战二　三相桥式全控整流电路的调试

一、实战目的

① 能正确调试三相桥式全控整流电路。

② 能分析三相桥式全控整流电路的故障并进行排除。

二、实战器材

MF47 型指针式万用表、三相晶闸管触发电路、可调电阻等。

三、实战内容

（1）认识三相桥式全控整流电路

如图 4-23 下半部分所示，触发电路为集成触发电路，主要由给定、触发电路（TC787）和正桥功放组成，可输出经调制后的双窄脉冲。

（2）触发电路的调试

① TC787 触发电路的调试同实战一中的相关内容。

② 电路可采用组合触发电路：3 个 KJ004（KC04）集成块和 KJ041（KC41）集成块，可形成 6 路双脉冲，再由 6 个晶闸管进行脉冲放大即可。

（3）三相桥式全控整流电路的调试（电阻性负载）

按图 4-23 接线，将"给定"输出调到零，使电阻器放在最大阻值处，开始调试。调节给

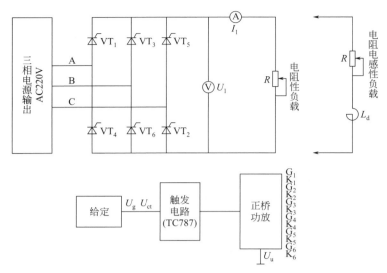

图 4-23 三相桥式全控整流及触发电路原理图

定电位器，增加移相电压，使 α 在 $30°\sim120°$ 范围内调节，同时，根据需要不断调整负载电阻 R，使负载电流 I_d 保持在 0.6A 左右。用示波器观察 $\alpha=30°$、$60°$、$90°$ 时的整流电压 u_d 和晶闸管两端电压 U_T 波形，并记录相应交流电源电压 U_2、直流负载电压 U_d 和电流 I_d 的数值。

四、实战考核标准

测评内容	配分	评分标准		扣分	得分
指针式万用表、慢扫描示波器的使用	30	1. 使用前的准备工作没进行	扣 5 分		
		2. 读数不正确	扣 15 分		
		3. 操作错误	每处扣 5 分		
		4. 由于操作不当导致仪表损坏	扣 20 分		
三相桥式全控整流电路的调试	70	1. 使用前的准备工作没进行	扣 5 分		
		2. 检测挡位不正确	扣 15 分		
		3. 操作错误	每处扣 5 分		
		4. 由于操作不当导致元器件损坏	扣 30 分		
安全文明操作	违反安全生产规程视现场具体违规情况扣分				
合计总分					

五、实践互动

注意：完成以下实践互动，需要先扫描下方二维码下载项目四实践互动资源。

① 三相半波可控整流电感性负载控制系统 $0°\sim90°$。
② 相半波可控整流电感性负载控制系统 $90°\sim150°$。
③ 三相桥式全控整流双窄脉冲集成触发控制系统。

项目四 实践
互动资源

项目五

开关电源电路的设计及维调

项目引领

　　王好强跟师傅第一次到现场对开关电源进行维修。通过维修，他学习了很多开关电源的工作原理及作用。

　　开关电源是利用现代电力电子技术，控制开关管开通和关断的时间比值，改变其输出电压的一种电源，是一种高效率、高可靠性、小型化、轻型化的稳压电源，是电子设备常用的主流电源。开关电源中，开关管通断频率很高，经常使用的是全控型器件：大功率晶体管（GTR）、场效应晶体管（MOSFET）和绝缘门极晶体管（IGBT）。由高压直流到低压多路直流的电路称 DC/DC 变换，是开关电源的核心技术。

项目目标

① 通过开关电源产品的典型应用，熟悉电力电子产品的特性。

② 熟练掌握开关电源等电力电子产品的设计原理。

③ 熟练掌握降压式直流斩波电路、升降压直流斩波电路和可逆直流斩波电路的工作原理。

④ 掌握典型直流斩波电路的工作过程及在电力电子技术中的应用。

⑤ 通过项目斩波电路的设计及维调，锻炼集体意识和团队合作精神，能够进行有效的人际沟通和协作，与社会、自然和谐共处。

> **任务一　开关电源电路的设计**

【任务分析】

　　通过完成本任务，使学生掌握 GTR、Power MOSFET、IGBT、GTO 等

开关电源电路的
设计概况

电力电子器件的特性、工作原理、相关检测及其设计计算等实际应用，能够进行新能源技术项目的简单设计及预算。

【知识链接】

一、认识全控型器件

能量加油站

拓展阅读2

（一）功率场效应晶体管（Power MOSFET）

功率场效应晶体管是一种单极型的电压控制器件，具有自关断能力、开关速度快、驱动功率小、安全工作区宽等特点。由于其开关频率达 500kHz，电流、热容量小，耐压低，适用于高频化电力电子装置，应用在 DC/DC 变换、开关电源、航空航天设备以及汽车等小功率电气设备中。

1. Power MOSFET 的结构与工作原理

（1）Power MOSFET 的结构

由于门极控制信号是电压信号，故该器件为压控型器件，具体如图 5-1 所示。

功率场效应晶体管
的结构与工作原理

① 3 个极为栅极（G）、源极（S）、漏极（D）。

② 功率场效应晶体管有 N 沟道和 P 沟道两种。

③ N 沟道中载流子是电子，P 沟道中载流子是空穴，都是多数载流子。

④ 每一类又可分为增强型和耗尽型两种，多数是 N 沟道增强型。耗尽型：当栅源两极间电压 $U_{GS}=0$ 时存在导电沟道，漏极电流 $I_D \neq 0$。增强型：$U_{GS}=0$，没有导电沟道且 $I_D=0$。

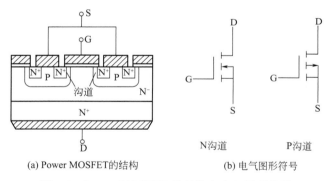

(a) Power MOSFET的结构　　　　(b) 电气图形符号

图 5-1　Power MOSFET 的结构和电气图形符号

（2）Power MOSFET 的外形

根据 Power MOSFET 的引脚排列顺序，可以用指针式万用表测出 G（栅极）、D（漏极）、S（源极），如图 5-2 所示。

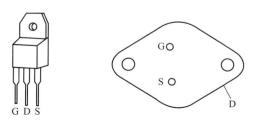

图 5-2　Power MOSFET 的外形

（3）Power MOSFET 的工作原理

① 当 D（漏极）、S（源极）加正电压，$U_{GS}=0$ 时，P 体区和 N 漏区的 PN 结反偏，D、S 之间没有电流流过。

② 在 G（栅极）、S（源极）之间加一正电压 U_{GS}，由于栅极是绝缘的，故不会有电流流过，但栅极的正电压会将其下面 P 区中的空穴推开，将 P 区中的少数载流子（电子）吸引到栅极下面的 P 区表面。

③ 当 $U_{GS}>U_T$ 时，栅极下 P 区表面的电子浓度将超过空穴浓度，使 P 型半导体反形成 N 型半导体而成为反型层，该反型层形成 N 沟道而使 PN 结消失，此时漏极和源极导电。

④ 电压 U_T 称为开启电压，U_{GS} 超过 U_T 越多，导电能力越强，漏极电流越大。

2. Power MOSFET 的检测

（1）Power MOSFET 的引脚判别

① 内部无保护二极管的功率场效应管，采用测量极间电阻的方法首先确定 G（栅极）。

② 用指针式万用表打到 R×1k 挡，测量 3 个引脚之间的电阻，若测得某个引脚与其余 2 个引脚间的正、反向电阻均为∞，则说明该引脚就是 G，如图 5-3 所示。

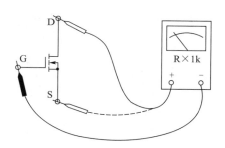

图 5-3　判别场效应管 G（栅极）的方法

③ 确定 S（源极）和 D（漏极）　用指针式万用表打到 R×1k 挡，将被测管 3 个引脚短接一下，接着用互换表笔的方法测两次电阻，在正常情况下，两次所测电阻中阻值较小的一次测量中，黑表笔所接的一端为 S（源极），红表笔所接的一端为 D（漏极），如图 5-4 所示。

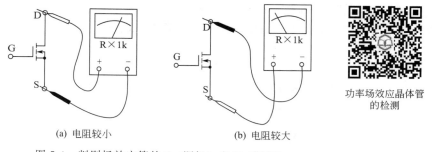

（a）电阻较小　　　　　　　　（b）电阻较大

功率场效应晶体管的检测

图 5-4　判别场效应管的 S（源极）和 D（漏极）

④ 若测 P 沟道型管子，则 S、D 极间电阻规律与 N 沟道型管相反，故可以采用该方法判别管子的导电沟道的类型。

（2）Power MOSFET 的质量判别

① 对于内部无保护二极管的管子，用指针式万用表打到 R×10k 挡，测量 G（栅极）与 D（漏极）间、G（栅极）与 S（源极）间的电阻应均为∞，否则，说明被测管性能不好或者已经损坏。

② 下述检测方法适用于内部有保护二极管的管子，以 N 沟道场效应管为例。

a. 将指针式万用表打到 R×1k 挡，将被测管 G（栅极）与 S（源极）短接一下，将红表笔接被测管的 D（漏极），黑表笔接 S（源极），所测电阻值应为数千欧，如图 5-5 所示；若阻值为 0 或∞，则管子损坏。

b. 将指针式万用表打到 R×10k 挡，再将被测管 G（栅极）与 S（源极）用导线短接一下，红表笔接被测管的 S（源极），黑表笔接 D（漏极），所测电阻值应为∞，如图 5-6 所示，否则说明被测 VMOS 管内部 PN 结的反向特性比较差；若阻值为 0，则被测管已坏。

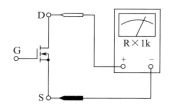

图 5-5　测场效应管的 S、D 间正向电阻

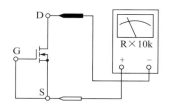

图 5-6　测场效应管的 S、D 间反向电阻

③ 检测 Power MOSFET 放大能力

a. 将指针式万用表打到 R×10k 挡，将 G、S 间短路线去掉，表笔位置保持原来不动，

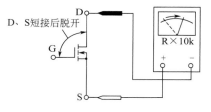

图 5-7　检测 Power MOSFET 放大能力

然后将 D 极与 G 极短接一下再脱开，相当于给栅极 G 充电，此时指针式万用表指示的阻值应大幅度减小并稳定在某一阻值，如图 5-7 所示。此阻值越小，说明管子的放大能力越强。

b. 若指针式万用表指针向右摆动幅度很小，说明被测管放大能力较差。

3. Power MOSFET 的特性及参数

（1）Power MOSFET 的特性

① 转移特性　输出电流 I_D 和输入电压 U_{GS} 的关系，即为 Power MOSFET 的转移特性，如图 5-8（a）所示。I_D 越大，I_D 与 U_{GS} 的关系近似线性，曲线的斜率为 Power MOSFET 的跨导，即

$$G_{FS} = \frac{dI_D}{dU_{GS}} \tag{5-1}$$

Power MOSFET 是电压控制型器件，其输入阻抗极高，输入电流非常小。

功率场效应晶体管的特性及参数

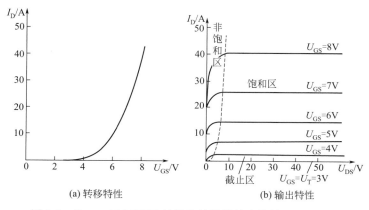

(a) 转移特性　　　　(b) 输出特性

图 5-8　Power MOSFET 的转移特性及输出特性

② 输出特性 图5-8（b）所示为 Power MOSFET 的输出特性，它有3个工作区。

a. 截止区 $U_{GS} \leqslant U_T$，$I_D = 0$。

b. 饱和区 $U_{GS} > U_T$，$U_{DS} \geqslant U_{GS} - U_T$，当 U_{GS} 不变时，I_D 不随 U_{DS} 的增加而增加，称为饱和区。

c. 非饱和区 $U_{GS} > U_T$，$U_{DS} < U_{GS} - U_T$，漏源电压 U_{DS} 和漏极电流 I_D 之比近似为常数。该区对应于 Power MOSFET 的饱和区。当 Power MOSFET 作开关应用而导通时，即工作在该区。

在制造 Power MOSFET 时，为提高跨导并减少导通电阻，在保证所需耐压的条件下，应尽量减小沟道长度。因此，每个 Power MOSFET 元都要做得很小，每个元件能通过的电流也很小。为了能使器件通过较大的电流，每个器件由许多个 Power MOSFET 元组成。

③ 开关特性 图5-9（a）为测试 Power MOSFET 开关特性的电路。图中 u_P 为矩形脉冲电压信号源，波形如图5-9（b）所示，R_S 为信号源内阻，R_G 为栅极电阻，R_L 为漏极负载电阻，R_F 用于检测漏极电流。

a. 因 Power MOSFET 存在输入电容 C_{in}，所以当脉冲电压 u_P 的前沿到来时，C_{in} 充电，栅极电压 u_{GS} 呈指数上升，如图5-9（b）所示。

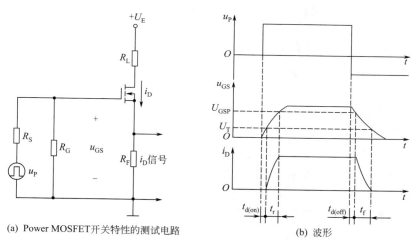

(a) Power MOSFET开关特性的测试电路　　　　(b) 波形

图5-9 Power MOSFET 开关过程

b. 当 u_{GS} 上升到开启电压 U_T 时开始出现漏极电流 i_D〔从 u_P 的前沿时刻到 $u_{GS} = U_T$ 的时刻，这段时间称为开通延迟时间 $t_{d(on)}$〕，i_D 随 u_{GS} 的上升而上升。

c. u_{GS} 从开启电压上升到 Power MOSFET 进入非饱和区的栅压 U_{GSP}（该时间称为上升时间 t_r），相当于大功率晶体管的临界饱和，漏极电流 i_D 达到稳态值。

d. i_D 的稳态值由漏极电压和漏极负载电阻所决定，U_{GSP} 的大小和 i_D 的稳态值有关。

e. u_{GS} 的值达 U_{GSP} 后，在脉冲信号源 u_P 的作用下继续升高直至到达稳态值，但 i_D 已不再变化，功率场效应晶体管处于饱和〔Power MOSFET 的开通时间 t_{on} 为开通延迟时间 $t_{d(on)}$ 与上升时间 t_r 之和〕。

f. 当脉冲电压 u_P 下降到零时，栅极输入电容 C_{in} 通过信号源内阻 R_S 和栅极电阻 R_G（$\geqslant R_S$）开始放电，栅极电压 u_{GS} 按指数曲线下降，当下降到 U_{GSP} 时，漏极电流 i_D 才开始减小〔这段时间称为关断延迟时间 $t_{d(off)}$〕。

g. C_{in} 继续放电，u_{GS} 从 U_{GSP} 继续下降，i_D 减小，到 u_{GS} 小于 U_T 时沟道消失，i_D 下降

到零（这段时间称为下降时间 t_f）。关断延迟时间 $t_{d(off)}$ 和下降时间 t_f 之和为关断时间 t_{off}。

总之，Power MOSFET 的开关速度与输入电容的充放电有关。Power MOSFET 的工作频率可达 100kHz 以上，由于 Power MOSFET 是场控型器件，在开关过程中需要对输入电容充放电，需要一定的驱动功率。开关频率越高，所需要的驱动功率越大。

（2）Power MOSFET 的参数

① 漏极电压 U_{DS}　Power MOSFET 的额定电压，选用须留有较大安全裕量。

② 漏极最大允许电流 I_{DM}　Power MOSFET 的额定电流，受管子的温升限制。

③ 栅极电压 U_{GS}　栅极与源极之间的绝缘层很薄，承受电压很低，通常不超过 20V，否则绝缘层可能被击穿而损坏，使用中应加以注意。

4. Power MOSFET 命名及型号含义

（1）国产功率场效应晶体管型号命名

① 第一种命名方法　同晶体三极管相同，第一位数字表示电极数目，第二位字母代表材料（D 表示 P 型硅，反型层是 N 沟道，C 表示 N 型硅 P 沟道），第三位字母 J 代表结型场效应管，O 代表绝缘栅场效应管。例如 3DJ6D 是结型 N 沟道场效应三极管。

② 第二种命名方法　CS××♯，CS 代表场效应管，×× 以数字代表型号的序号，♯ 用字母代表同一型号中的不同规格。例如 CS14A、CS45G 等。

（2）美国晶体管型号命名

美国晶体管型号命名法规定较早，型号内容很不完备，厂家命名为：

① 组成型号的第一部分是前缀，第五部分是后缀，中间的三部分为型号的基本部分；

② 除去前缀以外，凡型号以 1N、2N 或 3NLL 开头的晶体管分立器件，多为美国制造，或按美国专利在其他国家制造的产品；

③ 第四部分数字只表示登记序号，无其他意义，因此，序号相邻的两器件可能特性相差很大，例如 2N3464 为硅 NPN 高频大功率管，而 2N3465 为 N 沟道场效应管；

④ 不同厂家生产的性能基本一致的器件，都使用同一个登记号，同一型号中某些参数的差异常用后缀字母表示，型号相同的器件可以通用；

⑤ 登记序号数大，为近期生产的产品。

（二）大功率晶体管（GTR）

大功率晶体管是一种耐高电压、大电流的双极结型晶体管，它具有耐压高、电流大、开关特性好、开关时间短、饱和压降低、开关损耗小等特点，被广泛应用在电源、电机控制、通用逆变器等中等容量、中等频率的电路中。缺点是驱动电流较大，耐浪涌电流能力差，易受二次击穿而损坏，现在逐步被 Power MOSFET 和 IGBT 所代替。

1. GTR 的结构及工作原理

（1）GTR 结构及检测

三极管的集电极最大耗散功率在 1W 以上（或集电极最大允许电流在 1A 以上）的管子称为大功率晶体管 GTR，结构和工作原理均与小功率晶体管非常相似。

GTR 的结构及
工作原理

① 由 3 层半导体、2 个 PN 结构成，有 PNP 和 NPN 两种结构，其电流由两种载流子（电子和空穴）的运动形成，所以称为双极型晶体管。

② 如图 5-10（a）、（b）所示，大部分 GTR 是用三重扩散法制成的（或在集电极高掺杂

的 N⁺ 硅衬底上用外延生长法生长一层 N 漂移层，然后在上面扩散 P 基区，接着扩散掺杂的 N⁺ 发射区）。

③ GTR 通常采用共发射极接法，图 5-10（c）所示为共发射极接法时的大功率晶体管内部主要载流子流动示意图。

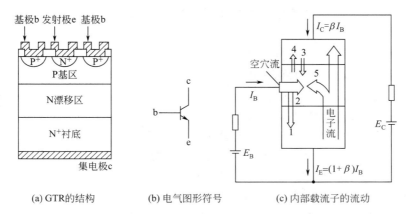

(a) GTR 的结构　　(b) 电气图形符号　　(c) 内部载流子的流动

图 5-10　GTR 的结构、电气图形符号及内部载流子的流动

1—从基极注入的越过正向偏置发射结的空穴；2—与电子复合的空穴；3—因热骚动产生的载流子构成的集电结漏电流；4—越过集电极电流的电子；5—发射极电子流在基极中因复合而失去的电子

④ 大功率晶体三极管外形分为 F 型、G 型两种。如图 5-11（a）所示，F 型管从外形上只能看到两个电极，将引脚底面朝上，两个电极引脚置于左侧，上面为 e 极，下面为 b 极，底座为 c 极。G 型管的 3 个电极的分布如图 5-11（b）所示。

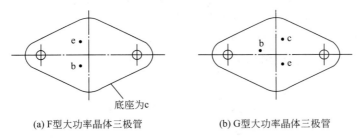

(a) F 型大功率晶体三极管　　　(b) G 型大功率晶体三极管

图 5-11　GTR 电极管脚图

⑤ GTR 的散热。如图 5-12 所示，大功率晶体管的外形除体积比较大外，外壳上都有安装孔或安装螺钉，便于将三极管安装在外加的散热器上。

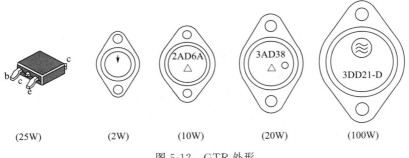

(25W)　　　(2W)　　　(10W)　　　(20W)　　　(100W)

图 5-12　GTR 外形

（2）GTR 的工作原理

GTR 主要工作在开关状态。

① NPN 型 GTR 通常工作在正偏（$I_B > 0$）大电流导通状态，反偏（$I_B < 0$）时处于截止高电压状态。

② 给 GTR 的基极施加幅度足够大的脉冲驱动信号，它将工作于导通和截止的开关工作状态。

（3）GTR 的检测

① 用万用表判别大功率晶体管的电极和类型　可用指针式万用表测量电阻的方法作出判别。

a. 判定基极：测量时将指针式万用表置于 R×1 挡或 R×10 挡，一表笔固定接在管子的任一个电极，用另一表笔分别接触任意两个电极，如果指针式万用表读数均为小阻值或均为大阻值，则固定接触的那个电极即为基极。

b. 判别类型：确定基极之后，假设接基极的是黑表笔，红表笔分别接触另外两个电极时，如果电阻读数均小，则该管为 NPN 型。如果接基极的是红表笔，用黑表笔分别接触其余两个电极时，测出的阻值均较小，则该三极管为 PNP 型。

c. 判定集电极和发射极：确定基极后，通过测量基极对另外两个电极之间的阻值大小比较，可区别发射极和集电极。对于 PNP 型晶体管，红表笔固定接基极，黑表笔分别接触另外两个电极时测出两个大小不等的阻值，以阻值较小的接法为准，黑表笔所接的是发射极。对于 NPN 型晶体管，黑表笔固定接基极，用红表笔分别接触另外两个电极进行测量，以阻值较小的测量为准，红表笔所接的为发射极。

② 通过测量极间电阻判断 GTR 的好坏　将万用表置于 R×1 挡或 R×10 挡，测量 GTR 管子 3 个极间的正反向电阻，便可以判断管子性能好坏。

③ 检测 GTR 放大能力的方法　如图 5-13 所示，将指针式万用表置于 R×1 挡，并准备好一只 $500\Omega \sim 1k\Omega$ 的小功率电阻器 R_b。

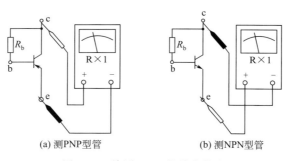

(a) 测PNP型管　　　　　　　(b) 测NPN型管

图 5-13　检测 GTR 的放大能力

a. 测试时先不接入 R_b，即在基极开路的情况下测量集电极和发射极之间的电阻，万用表指针为 ∞（锗管的阻值稍小一些）。

b. 若阻值很小甚至接近于 0，说明被测 GTR 穿透电流太大或已击穿损坏。

c. 将电阻 R_b 接在被测管的基极和集电极之间，万用表指针将向右偏转，偏转角度越大，说明被测管的放大能力越强。

d. 若接入 R_b 与不接入 R_b 时比较，万用表指针偏转大小差不多，则说明被测管的放大能力很小，甚至无放大能力，这样的 GTR 不宜使用。

④ 检测 GTR 的穿透电流 I_{CEO}　GTR 的穿透电流 I_{CEO} 测量电路如图 5-14 所示，输出电压先用万用表 DC 50V 挡测定。进行 I_{CEO} 测量时，将指针式万用表置于 DC 10mA 挡，电路接通后，万用表指示的电流即为 I_{CEO}。

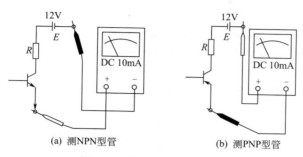

(a) 测NPN型管　　　　　(b) 测PNP型管

图 5-14　测量 GTR 的 I_{CEO}

⑤ 测量共发射极直流电流放大系数 h_{FE}　GTR 的 h_{FE} 测量电路如图 5-15 所示。

a. 测试条件　12V 的直流稳压电源额定输出电流大于 600mA，限流电阻 R 为 20Ω（±5%），功率≥5W，二极管 VD 选用 2CP 型硅二极管，且基极电流用指针式万用表的 DC 100mA 挡测量。

b. 测量电路满足的测试条件　$U_{CE} \approx 1.5 \sim 2V$，$I_C \approx 500mA$。

c. 操作方法　先不接万用表，按图 5-15 所示将电路连接好，合上开关 S，用指针式万用表的红、黑表笔去接触 A、B 端，即可读出基极电流 I_B。h_{FE} 可按下式算出

$$h_{FE} = \frac{I_C}{I_B} \tag{5-2}$$

其中，I_B 单位为 mA，I_C 为 500mA（测试条件）。例如，测得 $I_B = 50mA$，可算出 $h_{FE} = 500/50 = 10$。

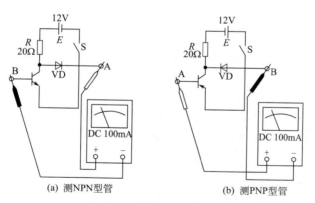

(a) 测NPN型管　　　　　(b) 测PNP型管

图 5-15　测试 GTR 的 h_{FE}

2. GTR 的特性及参数

（1）GTR 的基本特性

① 静态特性　共发射极接法时，GTR 的典型输出特性如图 5-16 所示，可分为 3 个工作区：

a. 截止区：$I_B \leqslant 0$，$U_{BE} \leqslant 0$，$U_{BC} < 0$，集电极只有漏电流流过；

b. 放大区：$I_B > 0$，$U_{BE} > 0$，$U_{BC} < 0$，$I_C = \beta I_B$；

c. 饱和区：$I_B > \dfrac{I_{CS}}{\beta}$，$U_{BE} > 0$，$U_{BC} > 0$，外电路决定 I_{CS}（集电极饱和电流），两个 PN

结都为正向偏置是饱和的特征。饱和时，集电极、发射极间的管压降 U_{CES} 很小，相当于开关接通，这时尽管电流很大，但损耗并不大。GTR 刚进入饱和时为临界饱和，若 I_B 继续增加，则为过饱和。GTR 用作开关时，工作在深度饱和状态，有利于降低 U_{CES} 和减小导通时的损耗。

② 动态特性 动态特性描述 GTR 开关过程的瞬态性能，又称开关特性。GTR 在实际应用中，通常工作在频繁开关状态。图 5-17 所示为 GTR 开关特性的基极、集电极电流波形。

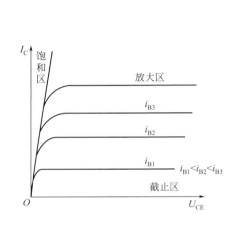

图 5-16 GTR 的典型输出特性　　　　图 5-17 GTR 开关特性的基极、集电极电流波形

整个工作过程分为开通过程、导通状态、关断过程、阻断状态 4 个不同的阶段。

a. 图中开通时间 t_{on} 对应着 GTR 由截止到饱和的开通过程，关断时间 t_{off} 对应着 GTR 由饱和到截止的关断过程。

b. GTR 的开通过程是从 t_0 时刻起注入基极驱动电流，管子不能马上产生集电极电流，过一小段时间后，集电极电流开始上升，逐渐增至饱和电流值 I_{CS}。把 i_C 达到 $10\% I_{CS}$ 的时刻定为 t_1，达到 $90\% I_{CS}$ 的时刻定为 t_2，则把 $t_0 \sim t_1$ 这段时间称为延迟时间，以 t_d 表示，把 t_1 到 t_2 这段时间称为上升时间，以 t_r 表示。

c. 关断 GTR，可给基极加一个负的电流脉冲。但集电极电流并不能立即减小，而要经过一段时间才能开始减小，再逐渐降为零。把 i_B 降为稳态值 I_{B1} 的 90% 的时刻定为 t_3，i_C 下降到 $90\% I_{CS}$ 的时刻定为 t_4，下降到 $10\% I_{CS}$ 的时刻定为 t_5，则把 $t_3 \sim t_4$ 这段时间称为储存时间，以 t_s 表示，把 $t_4 \sim t_5$ 这段时间称为下降时间，以 t_f 表示。

d. 延迟时间 t_d 和上升时间 t_r 之和是 GTR 从关断到导通所需要的时间，称为开通时间，以 t_{on} 表示，则 $t_{on} = t_d + t_r$。

e. 储存时间 t_s 和下降时间 t_f 之和是 GTR 从导通到关断所需要的时间，称为关断时间，以 t_{off} 表示，则 $t_{off} = t_s + t_f$。

f. GTR 在关断时漏电流很小，导通时饱和压降很小。GTR 在导通和关断状态下损耗都很小，但在关断和导通的转换过程中，电流和电压都较大，所以开关过程中损耗也较大。当开关频率较高时，开关损耗是总损耗的主要部分。

实际应用时，应缩短开通和关断时间，降低损耗，提高效率和运行可靠性。

（2）GTR 的参数

① 最高工作电压　GTR 上所施加的电压超过规定值时，就会发生击穿。击穿电压不仅和晶体管本身特性有关，还与外电路接法有关：

a. $U_{(BR)CBO}$：发射极开路时，集电极和基极间的反向击穿电压；

b. $U_{(BR)CEO}$：基极开路时，集电极和发射极之间的击穿电压；

c. $U_{(BR)CER}$：实际电路中，GTR 的发射极和基极之间常接有电阻 R，这时用 $U_{(BR)CER}$ 表示集电极和发射极之间的击穿电压；

d. $U_{(BR)CES}$：当 R 为 0，即发射极和基极短路时，用 $U_{(BR)CES}$ 表示其击穿电压；

e. $U_{(BR)CEX}$：发射结反向偏置时，集电极和发射极之间的击穿电压。

其中 $U_{(BR)CBO} > U_{(BR)CEX} > U_{(BR)CES} > U_{(BR)CER} > U_{(BR)CEO}$，实际应用时，最高工作电压要比 $U_{(BR)CEO}$ 低得多。

② 集电极最大允许电流 I_{CM}　GTR 流过的电流过大，会使 GTR 参数性能变得不稳定，尤其是发射极的集边效应可能导致 GTR 损坏。规定共发射极电流放大系数下降到规定值的 $1/3\sim1/2$ 时，所对应的电流 I_{CM} 为集电极最大允许电流，实际使用时还要留有较大的安全裕量。

③ 集电极最大耗散功率 P_{CM}　集电极最大耗散功率是在最高工作温度下允许的耗散功率，用 P_{CM} 表示。它是 GTR 容量的重要标志。晶体管功耗的大小主要由集电极工作电压和工作电流的乘积来决定，过大会使晶体管升温，晶体管会因温度过高而损坏。实际使用时应特别注意 I_C 不能过大，散热条件要好。

④ 最高工作结温 T_{JM}　GTR 正常工作允许的最高结温，以 T_{JM} 表示。GTR 结温过高时，会导致热击穿而烧坏。

3. GTR 命名及型号含义

（1）国产晶体三极管的型号及命名

① 第一部分，用 3 表示三极管的电极数目。

② 第二部分，用 A、B、C、D 字母表示三极管的材料和极性。A 表示三极管为 PNP 型锗管，B 表示三极管为 NPN 型锗管，C 表示三极管为 PNP 型硅管，D 表示三极管为 NPN 型硅管。

GTR 命名及型号含义

③ 第三部分，用字母表示三极管的类型。X 表示低频小功率管，G 表示高频小功率管，D 表示低频大功率管，A 表示高频大功率管。

④ 第四部分，用数字和字母表示三极管的序号和挡级，用于区别同类三极管器件的某项参数的不同。例如：3DD102B 为 NPN 低频大功率硅三极管；3AD30C 为 PNP 低频大功率锗三极管；3AA1 为 PNP 高频大功率锗三极管。

（2）美国半导体分立器件型号命名方法

美国晶体管或其他半导体器件的命名法很多。美国电子工业协会半导体分立器件命名方法如表 5-1 所示。

表 5-1　美国电子工业协会半导体分立器件命名方法

第一部分	第二部分	第三部分	第四部分	第五部分
用符号表示器件用途的类型。JAN 表示军级、JANTX 表示特军级、JANTXV 表示超特军级、JANS 表示宇航级、（无）表示非军用品	2 表示三极管	N 表示该器件已在美国电子工业协会（EIA）注册登记	美国电子工业协会登记顺序号	用字母表示器件分挡

（3）国际电子联合会半导体器件型号命名方法

德国、法国、意大利、荷兰、比利时、匈牙利、罗马尼亚、波兰等欧洲国家，大都采用国际电子联合会半导体分立器件型号命名方法。这种命名方法由 4 个基本部分组成，各部分的符号及意义如表 5-2 所示。

表 5-2　国际电子联合会半导体器件型号命名方法

第一部分	第二部分	第三部分	第四部分
A 表示锗材料 B 表示硅材料	C 表示低频小功率三极管 D 表示低频大功率三极管 F 表示高频小功率三极管 L 表示高频大功率三极管 S 表示小功率开关管 U 表示大功率开关管	用数字或字母加数字表示登记号	A、B、C、D、E 表示同一型号的器件按某一参数进行分挡的标志

（三）可关断晶闸管（GTO）

可关断晶闸管（GTO）又称门极关断晶闸管，是一种具有自关断能力的晶闸管。主要特点为：可用门极正向触发信号使其触发导通，又可向门极加负向触发电压使其关断；GTO 不需用外部电路强迫阳极电流为零而使之关断，仅由门极触发信号去关断；电力变换主电路简单，工作的可靠性高，减少了关断损耗；与普通晶闸管相比还可以提高电力电子变换的最高工作频率。

1. GTO 的结构与工作原理

（1）GTO 的结构

① GTO 的基本结构与普通晶闸管类似，属于 PNPN 4 层 3 端器件，其 3 个电极分别为阳极（A）、阴极（K）、门极（控制极，G），如图 5-18 所示。

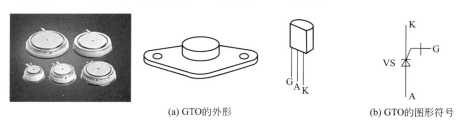

(a) GTO的外形　　　　　(b) GTO的图形符号

图 5-18　GTO 的外形及符号表示

② GTO 内部结构为多元的功率集成器件，内部由数十个甚至是数百个共阳极的 GTO 元构成，如图 5-19 所示。

③ 小的 GTO 元的阴极和门极在器件内部并联在一起，且每个 GTO 元阴极和门极距离

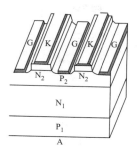

图 5-19 GTO 的内部结构

很短，有效地减小了横向电阻，因此可以从门极抽出电流而使它关断。

（2）GTO 的工作原理

① GTO 的触发导通与普通晶闸管类似，阳极加正向电压，门极加正触发信号后，使 GTO 导通。

② GTO 关断原理、方式与普通晶闸管不同，GTO 导通后接近临界饱和状态，可给门极加上足够大的负电压破坏临界状态使其关断。

2. GTO 的检测

（1）极性鉴别

将指针式万用表打到 R×10 挡或 R×100 挡，轮换测量可关断晶闸管的 3 个引脚之间的电阻，如图 5-20 所示。

显示结果：电阻比较小的一对引脚是门极 G 和阴极 K。测量 G、K 之间的正、反向电阻，电阻指示值较小时红表笔所接的引脚为 K，黑表笔所接的引脚为 G，而剩下的引脚是 A。

（2）GTO 的质量鉴别

① 将指针式万用表打到 R×10 挡或 R×100 挡，测量晶闸管阳极 A 与阴极 K 之间的电阻，或测量阳极 A 与门极 G 之间的电阻。

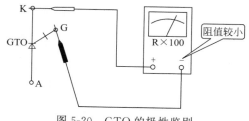

显示结果：读数小于 1kΩ，器件已击穿损坏。

原因：该晶闸管严重漏电。

图 5-20 GTO 的极性鉴别

② 将指针式万用表打到 R×10 挡或 R×100 挡，测量门极 G 与阴极 K 之间的电阻。

显示结果：如正反向电阻均为无穷大（∞），该管也已损坏。

原因：被测晶闸管门极、阴极之间断路。

（3）GTO 触发特性的检测

① 如图 5-21 所示，将指针式万用表打到 R×1 挡，黑表笔接可关断晶闸管的阳极 A，红表笔接阴极 K，门极 G 悬空，此时晶闸管处于阻断状态，电阻应为无穷大，如图 5-21（a）所示。

② 在黑表笔接触阳极 A 的同时也接触门极 G，于是门极 G 受正向电压触发（同样也是万用表内 1.5V 电源的作用），晶闸管成为低阻导通状态，万用表指针应大幅度向右偏，如图 5-21（b）所示。

③ 保持黑表笔接 A、红表笔接 K 不变，G 重新悬空（开路），则万用表指针应保持低阻

指示不变，如图 5-21（c）所示，说明该可关断晶闸管能维持导通状态，触发特性正常。

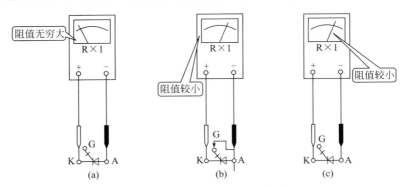

图 5-21　GTO 触发特性的检测

（4）GTO 关断能力的检测

① 将指针式万用表打到 R×1 挡，黑表笔接晶闸管阳极 A，红表笔接阴极 K，指针式万用表指示电阻应为无穷大，然后用导线将门极 G 与阳极 A 接通，于是门极 G 受正电压触发，使 GTO 导通，指针式万用表指示应为低电阻，即指针向右偏转，如图 5-22（a）所示。

② 将门极 G 开路后，万用表指针偏转应保持不变，即晶闸管仍应维持导通状态，如图 5-22（b）所示。后将 1.5V 电池的正极接阴极 K，电池负极接门极 G，则晶闸管立即由导通状态变为阻断状态，指针式万用表指示的电阻为 ∞，如图 5-22（c）、（d）所示，说明被测 GTO 关断能力正常。

③ 如果有两只万用表（其中一只表可替代 1.5V 电池），可将其中的另一只仪表（置于 R×10 挡）作为负向触发信号使用（相当于 1.5V，黑表笔接 K，红表笔触碰 G），参照图所示 5-22 的方法，同样可以检测可关断晶闸管是否具有正常的关断能力。

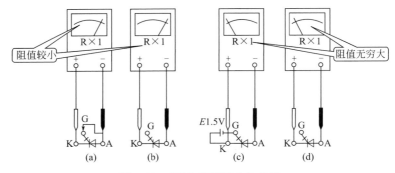

图 5-22　GTO 关断能力的检测

（5）测量可关断晶闸管的 β_{OFF} 值

① 第一种测量方法

a. 测量晶闸管 β_{OFF} 值的第一种方法如图 5-23 所示，在 GTO 的阳极回路串联阻值为 20Ω 的电阻 R（功率为 3W），测出 R 两端的电压，就可算出流过 R 的电流，即为 GTO 阳极电流（万用表置于直流电压 DC 2.5V 挡）。

b. 使 GTO 关断时的反向触发电流，可根据万用表 R×10 挡指示值及该挡的内阻算出。

第一，按图 5-23 所示连接电路，指针式万用表打到直流电压 2.5V 挡，红表笔接 GTO

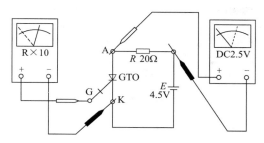

图 5-23　测量 GTO 的 β_{OFF} 值（方法一）

的阳极 A，黑表笔接电源正极，测得 GTO 导通时 R 两端的电压为 U_R。

　　第二，将另一只指针式万用表打到 R×10 挡，黑表笔接晶闸管的阴极 K，当红表笔接门极 G 时，GTO 立即由导通变为阻断，此时连接在阳极回路的电阻 R 两端电压降为零。从左边万用表读出 G、K 两极之间电阻 R_{GK}，并从电阻测量刻度尺读出 R×10 挡的欧姆中心值 R（欧姆表内阻与指针偏转无关，例如，500 型万用表 R×10 挡欧姆中心值为 100Ω）。

　　第三，按式（5-3）计算 β_{OFF}

$$\beta_{OFF}=\frac{U_R(R_{GK}+R_0)}{U_1 R} \tag{5-3}$$

式中　U_R——晶闸管导通时 R 两端电压，V；

　　　R_{GK}——晶闸管由导通变为关断（阻断）时测得 G、K 间的电阻，Ω；

　　　R_0——万用表 R×10 挡欧姆中心值，Ω；

　　　U_1——万用表 R×1 挡内置电池电压，通常 $U_1=1.5V$；

　　　R——晶闸管阳极回路外接电阻，Ω。

　　② 第二种测量方法。如果两只万用表的型号规格相同，对于小功率 GTO 无需附加电源，可以估测，如图 5-24 所示。

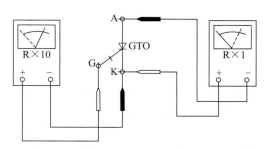

图 5-24　测量 GTO 的 β_{OFF} 值（方法二）

　　a. 测量晶闸管导通时 A、K 极间电阻 R_A。

　　b. 测量由导通变为关断时 G、K 极间的电阻 R_{GK}。

　　c. 按下式计算 β_{OFF}：

$$\beta_{OFF}=\frac{R_{GK}+R_{02}}{R_A+R_{01}} \tag{5-4}$$

式中　R_{GK}——晶闸管由导通变为关断时 G、K 间电阻测量值，Ω；

　　　R_{02}——万用表 R×10 挡欧姆中心值，Ω；

　　　R_A——晶闸管导通时 A、K 间电阻测量值，Ω；

R_{01}——万用表 R×1 挡欧姆中心值，Ω。

3. GTO 的特性与主要参数

（1）GTO 的阳极伏安特性

GTO 的阳极伏安特性与普通晶闸管类似，如图 5-25 所示，用 $90\%U_{DRM}$ 值定义为正向额定电压，用 $90\%U_{RRM}$ 值定义为反向额定电压。

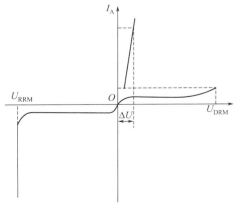

GTO 的伏安特性为：

① 当外加电压超过正向转折电压 U_{DRM} 时，GTO 即正向开通；

② 正向开通次数多了就会引起 GTO 的性能变差；

③ 若外加电压超过反向击穿电压 U_{RRM}，则发生雪崩击穿现象，造成元件永久性损坏。

（2）GTO 的主要参数

GTO 的断态重复峰值电压 U_{DRM} 和反向重复峰值电压 U_{RRM} 以及通态平均电压 U_T 的定义与普通型晶闸管一致，但是 GTO 承受反向电压的

图 5-25 GTO 的阳极伏安特性

能力较小，一般 U_{RRM} 明显小于 U_{DRM}，擎住电流 I_L 和维持电流 I_H 的定义也与普通型晶闸管一致，但对于同样电流容量的器件，GTO 的 I_H 要比普通型晶闸管大得多。

① 最大可关断阳极电流 I_{ATO} 它是可以通过门极进行关断的最大阳极电流。当阳极电流超过 I_{ATO} 时，门极负电流脉冲不可能将 GTO 关断。通常将最大可关断阳极电流 I_{ATO} 作为 GTO 的额定电流。实际应用中，最大可关断阳极电流 I_{ATO} 还与工作频率、门极负电流的波形、工作温度以及电路参数等因素有关，它不是一个固定不变的数值。

② 门极最大负脉冲电流 I_{GRM} 门极最大负脉冲电流 I_{GRM} 为 GTO 门极可施加的最大反向电流。

③ 电流关断增益 β_{OFF}

$$\beta_{OFF} = I_{ATO}/I_{GRM}$$

β_{OFF} 反映门极电流对阳极电流控制能力的强弱，β_{OFF} 值越大，控制能力越强。这一比值为 5 左右，这就是说，要关断 GTO 门极的负电流的幅度也是很大的。

（四）绝缘门极晶体管（IGBT）

能量加油站

拓展阅读3

绝缘门极晶体管（IGBT）又称绝缘栅极双极型晶体管，是一种新发展起来的复合型电力电子器件。它继承了 MOSFET 和 GTR 的特点，既具有输入阻抗高、速度快、热稳定性好和驱动电路简单的优点，又具有输入通态电压低、耐压高和承受电流大的优点，非常适合应用于直流电压为 600V 及以上的变流系统，如变频器、开关电源、照明电路、牵引传动等设备。

1. IGBT 的结构及工作原理

（1）IGBT 的基本结构

IGBT 是三端器件，它的 3 个极为漏极（D）、栅极（G）和源极（S），有时也将 IGBT 的漏极称为集电极（C），源极称为发射极（E）。

图 5-26（a）所示为一种由 N 沟道 Power MOSFET 与晶体管复合而成的

IGBT 的结构及
工作原理

IGBT 基本结构。IGBT 比 Power MOSFET 多一层 P^+ 注入区，因而形成了一个大面积的 P^+N^+ 结 J_1，这样使得 IGBT 导通时由 P^+ 注入区向 N 基区发射少数载流子，从而对漂移区电导率进行调制，使得 IGBT 具有很强的通流能力。

IGBT 简化等效电路如图 5-26（b）所示。IGBT 是以 GTR 为主导器件，MOSFET 为驱动器件的复合管。图 5-26（b）所示 R_N 为晶体管基区内的调制电阻。图 5-26（c）所示为 IGBT 的电气图形符号。

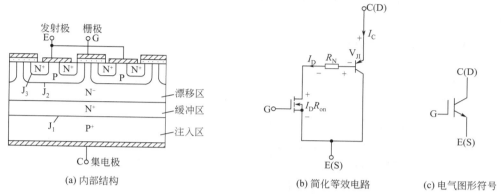

(a) 内部结构　　　　　　(b) 简化等效电路　　　(c) 电气图形符号

图 5-26　IGBT 的结构

IGBT 的外形如图 5-27 所示。

a. 对于 TO 封装的 IGBT 管的引脚排列是将引脚朝下，标有型号面朝自己，从左往右数，1 脚为栅极或称门极 G，2 脚为集电极 C，3 脚为发射极 E，如图 5-27（a）所示。

b. 对于 IGBT 模块，器件上一般标有引脚，如图 5-27（b）所示。

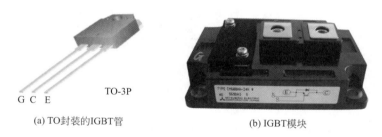

(a) TO封装的IGBT管　　　　　　(b) IGBT模块

图 5-27　IGBT 的外形

（2）IGBT 的工作原理

① IGBT 的驱动原理与 Power MOSFET 基本相同，它是一种压控型器件。

② IGBT 导通和关断是由栅极和发射极间的电压 U_{GE} 决定的。当 U_{GE} 为正且大于开启电压 $U_{GE(th)}$ 时，MOSFET 内形成沟道，并为晶体管提供基极电流使其导通。

③ 当栅极与发射极之间加反向电压或不加电压时，MOSFET 内的沟道消失，晶体管无基极电流，IGBT 关断。

（3）IGBT 的检测

① IGBT 管脚判别

a. 将指针式万用表打到 R×1k 挡并测量，若某一极与其他两极阻值为无穷大，调换表笔后该极与其他两极间的阻值仍为无穷大，则判断此极为栅极（G）。

b. 其余两极再用万用表测量，若测得阻值为无穷大，调换表笔后测量阻值较小。在测量阻值较小的一次中，则判断红表笔接的为集电极 C，黑表笔接的为发射极 E。

② IGBT 质量检测

a. 将指针式万用表打到 R×10k 挡，将黑表笔接 IGBT 的集电极 C，红表笔接 IGBT 的发射极 E，此时万用表的指针在零位。

b. 用手指同时触及一下栅极 G 和集电极 C，这时 IGBT 被触发导通，万用表的指针摆向阻值较小的方向，并能指示在某一位置。

c. 再用手指同时触及一下栅极 G 和发射极 E，这时 IGBT 被阻断，万用表的指针回零。此时即可判断 IGBT 是好的。

2. IGBT 的特性及主要参数

（1）IGBT 的特性

① 静态特性　与 Power MOSFET 相似，IGBT 的转移特性和输出特性分别描述器件的控制能力和工作状态。

a. 图 5-28（a）所示为 IGBT 的转移特性，它反映了集电极电流 I_C 与栅射电压 U_{GE} 之间的关系，与 Power MOSFET 的转移特性相似。开启电压 $U_{GE(th)}$ 是 IGBT 能实现电导调制而导通的最低栅射电压。$U_{GE(th)}$ 随温度升高而略有下降，温度升高 1℃，其值下降 5mV 左右。在＋25℃时，$U_{GE(th)}$ 的值一般为 2～6V。

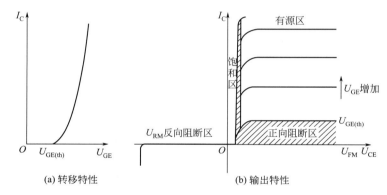

(a) 转移特性　　　　　(b) 输出特性

图 5-28　IGBT 的转移特性及输出特性

b. 图 5-28（b）所示为 IGBT 的输出特性，或称伏安特性，它是以栅射电压为参考变量时，集电极电流 I_C 与集射极间电压 U_{CE} 之间的关系。该特性与 GTR 的输出特性相似，不同的是参考变量：IGBT 为栅射电压 U_{GE}，GTR 为基极电流 I_B。IGBT 的输出特性也分为正向阻断区、有源区和饱和区 3 个区域，分别与 GTR 的截止区、放大区和饱和区相对应。当 $U_{CE}<0$，IGBT 为反向阻断工作状态。

② 动态特性　图 5-29 所示为 IGBT 开关过程的波形。IGBT 的开通过程与 Power MOS-FET 的开通过程类似，因为 IGBT 在开通过程中大部分时间是作为 MOSFET 来运行的。

a. 从驱动电压 U_{GE} 的前沿上升至其幅度的 10% 时刻起，到集电极电流 I_C 上升至其幅度的 10% 时刻止，这段时间为开通延迟时间 $t_{d(ON)}$。

b. I_C 从 $10\% I_{CM}$ 上升至 $90\% I_{CM}$ 所需要的时间为电流上升时间 t_r。

c. 开通时间 t_{ON} 为开通延迟时间 $t_{d(ON)}$ 与上升时间 t_r 之和。

d. 开通时，集射电压 u_{CE} 的下降过程分为 t_{fv1} 和 t_{fv2} 两段，前者为 IGBT 中 MOSFET 单独工作的电压下降过程，后者为 MOSFET 和 PNP 晶体管同时工作的电压下降过程。

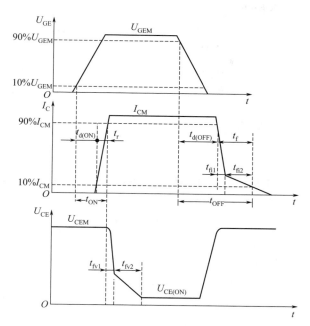

IGBT 管的驱动
与控制

图 5-29　IGBT 开通与关断的波形

e. 由于 u_{CE} 下降时 IGBT 中 MOSFET 的栅漏电容增加，且 IGBT 中的 PNP 晶体管由放大状态转入饱和状态也需要一个过程，因此 t_{fv2} 段电压下降过程变缓。只有在 t_{fv2} 段结束时，IGBT 才完全进入饱和状态。

IGBT 关断时，其工作过程如下。

a. 从驱动电压 u_{GE} 的脉冲后沿下降到其幅值的 90% 时刻起，到集电极电流下降至 90% I_{CM} 止，这段时间称为关断延迟时间 $t_{d(OFF)}$。

b. 集电极电流从 90% I_{CM} 下降至 10% I_{CM} 这段时间为电流下降时间 t_f，两者 $[t_{d(OFF)}$、$t_f]$ 之和为关断时间 t_{OFF}。

c. 电流下降时间可分为 t_{fi1} 和 t_{fi2} 两段，t_{fi1} 对应 IGBT 内部的 MOSFET 关断过程，这段时间集电极电流 I_C 下降较快，t_{fi2} 对应 IGBT 内部的 PNP 晶体管关断过程，这段时间内 MOSFET 已经关断，IGBT 又无反向电压，所以 N 基区内的少子复合缓慢，造成 I_C 下降较慢。由于此时集射电压已经建立，因此较长的电流下降时间会产生较大的关断损耗。为解决该问题，可以与 GTR 一样通过减轻饱和程度来缩短电流下降时间。

（2）主要参数

① 集电极-发射极额定电压 U_{CES}　这是厂家根据器件的雪崩击穿电压而规定的，是栅极-发射极短路时 IGBT 能承受的耐压值，即 U_{CES} 值小于等于雪崩击穿电压。

② 栅极-发射极额定电压 U_{GES}　IGBT 是电压控制器件，通过加到栅极的电压信号控制 IGBT 的导通和关断，而 U_{GES} 就是栅极控制信号的电压额定值。目前，IGBT 的 U_{GES} 值通常为 $+20V$，使用中不能超过该值。

③ 额定集电极电流 I_C　IGBT 在导通时能流过管子的持续最大电流。

3. IGBT 型号含义

各国厂家的 IGBT 型号命名大致规律为：

① 管子型号前半部分数字表示该管的最大工作电流值，如 G40××××、20N××××

表示其最大工作电流为 40A、20A；

② 管子型号后半部分数字则表示该管的最高耐压值，如 G×××150××、××N120××××表示最高耐压值为 1.5kV、1.2kV；

③ 管子型号后缀字母含"D"则表示该管内含阻尼二极管，但未标"D"并不一定是无阻尼二极管，因此在检修时一定要用指针式万用表检测一下，避免出错。

二、开关电源电路的设计

（一）DC/DC 电路

该电路是将直流电压变换成固定的或可调的直流电压的电路。按输入、输出有无变压器可分有隔离型、非隔离型两类。非隔离型电路根据电路形式的不同分为降压斩波电路、升压斩波电路、升降压斩波电路、库克式斩波电路和全桥式斩波电路。其中降压和升压斩波电路是基本形式，升降压和库克式是它们的组合，而全桥式则属于降压式类型。

1. 基本斩波器的工作原理

最基本的直流斩波电路如图 5-30（a）所示，负载为纯电阻 R。

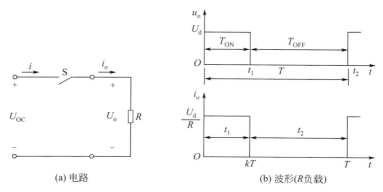

(a) 电路　　　　　　　　(b) 波形(R负载)

图 5-30　基本斩波电路与电压电流的输出波形

① 当开关 S 闭合时，负载电压 $u_o = U_d$，并持续时间 T_{ON}。

② 当开关 S 断开时，负载上电压 $u_o = 0V$，并持续时间 T_{OFF}。

③ $T = T_{ON} + T_{OFF}$ 为斩波电路的工作周期，斩波器的输出电压波形如图 5-30（b）所示。

④ 若定义斩波器的占空比 ，则由波形图上可得输出电压的平均值为

$$U_o = \frac{T_{ON}}{T_{ON} + T_{OFF}} U_d = \frac{T_{ON}}{T} U_d = k U_d \tag{5-5}$$

只要调节 k，即可调节负载的平均电压。

⑤ 改变占空比 k 的大小，可改变 T_{ON} 或 T_{OFF}。通常斩波器的工作方式有如下两种：

a. 脉宽调制工作方式，维持 T 不变，改变 T_{ON}；

b. 频率调制工作方式，维持 T_{ON} 不变，改变 T。

实际应用的是脉宽调制工作方式，而采用频率调制工作方式容易产生谐波干扰，而且滤波器设计也比较困难。

2. 降压斩波电路

（1）电路的结构

降压斩波电路是一种输出电压的平均值低于输入直流电压的电路，主要用于直流稳压电

源和直流电机的调速。

降压斩波电路的原理图如图 5-31（a）所示，U 为固定电压的直流电源，VT 为晶体管开关。L、R、电动机为负载。为在晶体管 VT 关断时给负载中的电感电流提供通道，加入了续流二极管 VD。

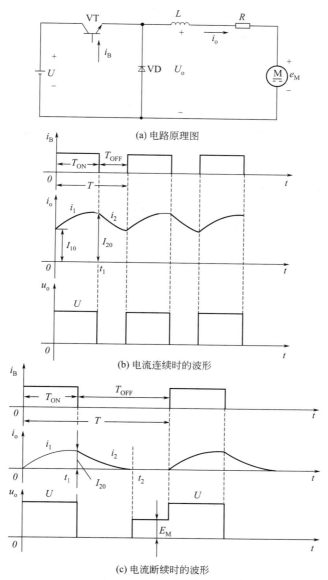

(a) 电路原理图

(b) 电流连续时的波形

(c) 电流断续时的波形

图 5-31　降压斩波电路原理图和电流波形

（2）电路的工作原理

① 在 $t=0$ 时刻，驱动 VT 导通，直流电源向负载供电，不计 VT 的导通压降，负载电压 $u_o = U$，负载电流按指数规律上升，波形如图 5-31（b）所示。

② $t=t_1$ 时刻，撤掉 VT 的驱动使其关断，因感性负载电流不能突变，负载电流通过续流二极管 VD 续流，不计 VD 导通压降，负载电压 $u_o = 0$，负载电流按指数规律下降。

③ 为使负载电流连续且脉动小，一般需串联较大的电感 L，L 也称为平波电感。

④ $t=t_2$ 时刻，再次驱动 VT 导通，重复上述工作过程。

电路的输出电压平均值见式（5-5）。由于 $k<1$，所以 $U_o<U$，即斩波器输出电压平均值小于输入电压，故称为降压斩波电路。而负载平均电流为

$$I_o=\frac{U_o-U}{R} \tag{5-6}$$

临界连续时的平均电感电流为

$$I_{LB}=\frac{kT}{2L}(U-U_o) \tag{5-7}$$

当平波电感 L 较小，VT 关断，未到 t_2 时刻，负载电流已下降到零，负载电流发生断续，其波形如图 5-31（c）所示。负载电流断续期间，负载电压 $u_o=e_M$。当负载电流断续时，负载平均电压 U_o 升高，带直流电动机负载时特性变软，所以在选择平波电感 L 时，要确保电流断续点不在电动机的正常工作区域内。

【**例 5-1**】 有一降压斩波电路如图 5-31（a）所示，已知 $U=120V$，电阻负载 $R=6\Omega$，开关周期性通断，通 $30\mu s$，断 $10\mu s$，不计开关导通压降，电感 L 足够大，求：

（1）负载电流 I_o 和负载上的 P_o；

（2）若负载电流在 4A 时仍能维持，则电感 L 最小应取多大？

解：开关通断周期为

$$T=T_{ON}+T_{OFF}=30+10=40(\mu s)$$

占空比为

$$k=\frac{T_{ON}}{T}=\frac{30}{40}=0.75$$

（1）负载电压的平均值为

$$U_o=kU=0.75\times120=90(V)$$

负载电流的平均值为

$$I_o=\frac{U_o}{R}=\frac{90}{6}=15(A)$$

负载功率的平均值为

$$P_o=U_oI_o=1350(V\cdot A)$$

（2）设占空比 k 不变，当负载电流为 4A 时，处于临界连续状态，则电感量 L 为

$$L=\frac{TU}{2I_{LB}}k(1-k)=\frac{40\times120}{2\times4}\times0.75\times(1-0.75)=112.5(\mu H)$$

3. 升压斩波电路

（1）电路的结构

升压斩波电路的输出电压总是高于输入电压。升压斩波电路与降压斩波电路最大的不同点是，斩波控制开关 VT 与负载呈并联形式连接，储能电感与负载呈串联形式连接。升压斩波电路的如图 5-32（a）所示。

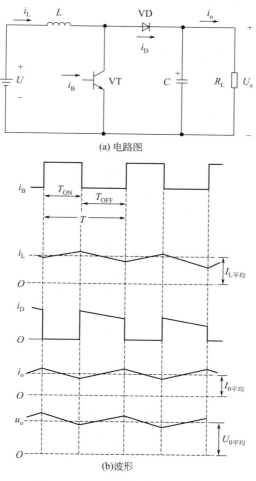

图 5-32　升压斩波电路和工作波形

（2）电路的工作原理

① 当 VT 导通时（T_{ON}），能量储存在 L 中。

② 由于 VD 截止，故 T_{ON} 期间负载电流由 C 供给。

③ 在 T_{OFF} 期间，VT 截止，储存在 L 中的能量通过 VD 传送到负载和 C，其电压的极性与 U 相同，且与 U 相串联，产生升压作用。

④ 若忽略损耗和开关器件上的电压降，有

$$U_o = \frac{T_{ON} + T_{OFF}}{T_{OFF}} U = \frac{T}{T_{OFF}} U = \frac{1}{1-k} U \tag{5-8}$$

式（5-8）中的 T/T_{OFF} 为升压比，调节其大小即可改变输出电压 U_o 的大小。式中 $T/T_{OFF} \geqslant 1$，输出电压高于电源电压，故称该电路为升压斩波电路。

4. 升降压斩波电路

（1）电路的结构

① 升降压斩波电路产生高于或低于输入电压的输出电压，如图 5-33（a）所示。

② 电路结构特征是储能电感与负载并联，续流二极管 VD 反向串联接在储能电感与负载之间。

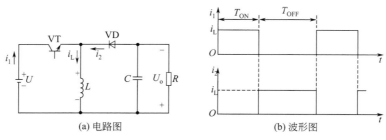

(a) 电路图   (b) 波形图

图 5-33   升降压斩波电路和工作波形

③ 先假设电路中电感 L 很大，使电感电流和电容电压及负载电压基本稳定。

（2）电路的工作原理

① VT 导通时，电源 U 经 VT 向 L 供电使其储能，此时二极管 VD 反偏，流过 VT 的电流为 i_1，如图 5-33（b）所示。

② 由于 VD 反偏截止，电容 C 向负载 R 提供能量并维持输出电压基本稳定，负载 R 及电容 C 上的电压极性为上负下正，与电源极性相反。

③ VT 关断时，电感 L 极性变反，VD 正偏导通，L 中储存的能量通过 VD 向负载释放，电流为 i_2，同时电容 C 被充电储能。

负载电压极性为上负下正，与电源电压极性相反，该电路或称为反极性斩波电路。

稳态时，一个周期 T 内电感 L 两端电压 u_L 对时间的积分为零，即

$$\int_0^T u_L \mathrm{d}t = 0 \tag{5-9}$$

当 VT 处于通态期间，$u_L = U$；而当 VT 处于断态期间，$u_L = -U_o$。有

$$U T_{ON} = U_o T_{OFF} \tag{5-10}$$

输出电压为

$$U_o = \frac{T_{ON}}{T_{OFF}} U = \frac{T_{ON}}{T - T_{ON}} U = \frac{k}{1-k} U \tag{5-11}$$

式（5-11）中，若改变占空比 k，则输出电压既可高于电源电压，也可能低于电源电压：

① 当 $0 < k < 1/2$ 时，斩波器输出电压低于直流电源输入电压，此时为降压斩波器；

② 当 $1/2 < k < 1$ 时，斩波器输出电压高于直流电源输入电压，此时为升压斩波器。

（二）开关控制电路

1. 开关控制方式的种类

开关电源中，开关器件开关状态的控制方式主要有占空比控制和幅度控制两大类。

（1）占空比控制方式

占空比控制又包括脉冲宽度控制和脉冲频率控制两大类。

① 脉冲宽度控制   脉冲宽度控制是指开关工作频率（即开关周期 T）固定的情况下，直接通过改变导通时间（T_{ON}）来控制输出电压 U_o 大小的一种方式。因为改变开关导通时间 T_{ON} 就是改变开关控制电压 u_C 的脉冲宽度，因此又称脉冲宽度调制（PWM）控制。

a. PWM 控制方式的优点：因为采用了固定的开关频率，因此，设计滤波电路时较简单方便。

b. PWM 控制方式的缺点：受功率开关管最小导通时间的限制，对输出电压不能做宽范围的调节。此外，为防止空载时输出电压升高，输出端需接假负载。

实际应用时集成开关电源大多采用 PWM 控制方式。

② 脉冲频率控制　脉冲频率控制是指开关控制电压 u_C 的脉冲宽度不变的情况下，改变开关工作频率（改变单位时间的脉冲数，即改变 T）而达到控制输出电压 U_o 大小的一种方式，又称为脉冲频率调制（PFM）控制。

（2）幅度控制方式

幅度控制是通过改变开关的输入电压 U_s 的幅值而控制输出电压 U_o 大小的控制方式，但要配以滑动调节器。

2. PWM 控制电路的基本构成和原理

PWM 控制电路的基本组成和工作波形如图 5-34 所示。

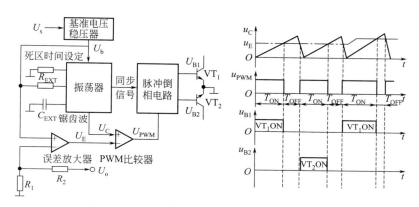

图 5-34　PWM 控制电路的基本组成和工作波形

（1）PWM 控制电路的构成

① 基准电压稳压器：提供一个供输出电压进行比较的稳定电压和一个内部 IC 电路的电源。

② 振荡器：为 PWM 比较器提供一个锯齿波和与该锯齿波同步的驱动脉冲控制电路的输出。

③ 误差放大器：使电源输出电压与基准电压进行比较。

④ 脉冲倒相电路：以正确的时序使输出开关管导通。

（2）基本工作原理

输出开关管在锯齿波的起始点被导通。因锯齿波电压比误差放大器的输出电压低，所以 PWM 比较器的输出较高。因同步信号已在斜坡电压的起始点使倒相电路工作，所以脉冲倒相电路将这个高电位输出，使 VT_1 导通。当斜坡电压比误差放大器的输出电压高时，PWM 比较器的输出电压下降，通过脉冲倒相电路使 VT_1 截止，重复这个过程。

● ● ● ●　**【任务实施】**　● ●

根据任务鉴别开关管的质量。

一、任务说明

1. 所需仪器设备

① 大功率晶体管 GTR、Power MOSFET、IGBT、GTO 各 1 个。

② 指针式万用表 1 块。

2. 测试前准备

① 清点相关材料、仪器和设备。

② 掌握调试步骤。

3. 操作步骤及注意事项

（1）观察管子外形

观察 GTR、Power MOSFET、IGBT、GTO 外形，从外观上判断 3 个管脚，记录型号，说明型号的含义，将测试数据记录下来。

（2）器件测试

① GTR 测试

a. 判别管脚及测试器件好坏　将万用表打到 R×1 挡或 R×10 挡，测量管子 3 个极间的正、反向电阻，判断所测管子的极性及类型，做数据记录，并与观察的结果比较，判断管子好坏。

b. 性能测试　根据管子类型，用指针式万用表检测管子的放大能力、I_{CEO}、h_{FE}，记录数据并判断管子性能。

② Power MOSFET 测试

a. 判别管脚及测试器件好坏　将指针式万用表打到 R×10k 挡，测量 3 个极间的电阻，判断管子的管脚，记录数据，并与观察的结果比较，判断管子好坏。

b. 性能测试　用指针式万用表检测 G、S 短接后 S 和 D 两极间正向电阻，G、S 短接时 S 和 D 两极间反向电阻及放大能力，记录数据，并判断管子性能。

③ IGBT 测试

a. 管脚判别　将指针式万用表置于 R×1k 挡，测量 3 个极间的电阻，判断管子的管脚，记录数据，并与观察的结果比较，判断管子好坏。

b. 性能测试　用指针式万用表的 R×10k 挡，测量 R_{DE}，将所测数据记录，并判断管子性能。

④ GTO 测试

a. 管脚判别　将指针式万用表打到 R×10 挡或 R×100 挡，测量 3 个极间的电阻，判断管子的管脚，记录数据，并与观察的结果比较，判断管子好坏。

b. 性能测试　用指针式万用表测试 GTO 的触发特性、关断能力、β_{OFF}，记录数值并判断管子性能。

4. 实施评价标准

序号	内容	配分	等级	评分细则	得分
1	认识器件	20	20	能辨识开关器件,错 1 个扣 5 分	
2	辨别型号	20	20	辨识管脚,错误 1 处扣 5 分	
3	器件测试	40	20	管脚测试,错误 1 处扣 5 分	
			20	性能测试,每错 1 项扣 5 分	
4	安全操作	10	10	违反操作规程 1 次扣 10 分;元件损坏 1 个扣 10 分;烧保险 1 次扣 5 分	
5	现场整理	10	10	经提示后能将现场整理干净扣 5 分;不合格,本项 0 分	
				合　　计	

二、任务结束

操作结束后，拆除接线，整理操作台、断电，清扫场地。

三、任务总结

1. GTO 基本特性是_____。
2. GTR 主要参数由_____决定。
3. Power MOSFET 主要参数是_____。
4. IGBT 主要参数是_____。
5. IGBT 的测试方法是_____。
6. GTR 的测试方法是_____。

任务二 开关电源电路的维调

【任务分析】

通过完成开关电源的维调，掌握开关电源的工作要点，并在电路安装与调试过程中，培养实践工作素养。

【知识链接】

稳压电源通常分为线性稳压电源和开关电源，开关电源被广泛应用在通信、计算机、电焊和控制领域。

一、稳压电源的工作原理

（一）线性稳压电源

线性稳压电源是指起电压调整功能的器件始终工作在线性放大区的直流稳压电源。

1. 构成

由 50 Hz 工频变压器、整流器、滤波器、串联调整器件构成，具体如图 5-35 所示。

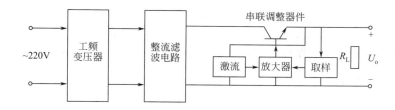

图 5-35 线性稳压电源原理图

2. 特点

① 优点：优良的纹波及动态响应特性。

② 缺点：输入采用 50 Hz 工频变压器，体积庞大；起电压调整功能的器件工作在线性放

大区内，损耗大、效率低；过载能力差。

（二）开关电源

开关电源是指电压调整功能的电力电子器件始终以开关方式工作的一种直流稳压电源。图 5-36 所示为输入/输出隔离的开关电源原理图。

1. 工作原理

① 50Hz 单相交流 220V 电压或三相交流 220V/380V 电压，经 EMI 防电磁干扰电源滤波器，直接整流滤波。

② 将滤波后的直流电压经变换电路，变换为数十千赫或数百千赫的高频方波或准方波电压，通过高频变压器隔离并降压（或者升压）后，再经高频整流、滤波电路，最后输出直流电压。

③ 在脉冲宽度控制中，保持开关频率不变，通过改变导通时间 T_{on} 来改变占空比 D，从而达到改变输出电压的目的。如图 5-37 所示，若占空比 D 越大，则经滤波后的输出电压越高。

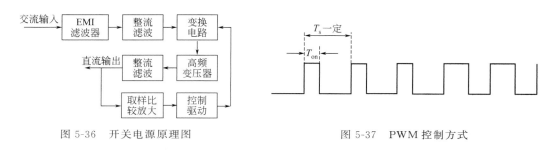

图 5-36　开关电源原理图　　　　　　图 5-37　PWM 控制方式

2. 特点

（1）优点

① 功率小、效率高。开关管中的开关器件交替地工作在导通—截止及截止—导通的开关状态，转换速度快，使得开关管的功耗很小，电源的效率可以大幅度提高，可达 90%～95%。

② 体积小、重量轻。

a. 开关电源效率高、损耗小，可省去或减小较大体积的散热器。

b. 隔离变压用的高频变压器取代工频变压器，大大减少了体积和重量。

c. 因为开关频率高，输出滤波电容的容量和体积可大为减小。

③ 稳压范围宽。开关电源的输出电压由占空比来调节，输入电压的变化可通过调节占空比的大小来补偿，这样在工频电网电压变化较大时，仍能保证有较稳定的输出电压。

④ 电路形式灵活多样。设计者可以发挥各种各类电路的特长，设计出能满足不同应用产能场合的开关电源。

（2）缺点

① 开关电源的缺点是存在开关噪声干扰。

② 在开关电源中，开关器件工作在开关状态，产生的交流电压和电流会通过电路中的其他元件产生尖峰干扰和谐振干扰，这些干扰如果不采取一定的措施进行抑制、消除和屏蔽，就会严重影响整机的正常工作。

③ 此外，这些干扰还会窜入工频电网，使得周围其他电子仪器、设备和家用电器受到干扰。因此，设计开关电源时，必须采用合理的措施来抑制其本身产生的干扰。

二、开关电源的维调

由开关电源构成的电力系统用直流操作电源电路的原理图如图 5-38 所示，主电路采用半桥变换电路，额定输出直流电压为 220V，输出电流为 10A，它包含图 5-36 所示的基本功能。

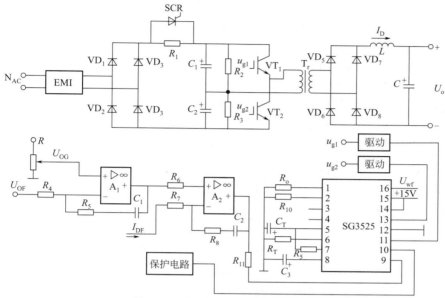

图 5-38　直流操作电源电路原理图

1. 交流进线滤波器

为了满足有关的电磁干扰标准，防止开关电源产生的噪声进入电网，或者防止电网的噪声进入开关电源内部，干扰开关电源的正常工作，必须在开关电源的输入端施加 EMI 滤波器。图 5-39 为一种常用的高性能 EMI 滤波器，该滤波器能同时抑制共模和差模干扰信号。

① C_{c1}、L_c 和 C_{c2} 构成的低通滤波器用来抑制共模干扰信号，其中 L_c 称为共模电感，其两组线圈匝数相等，但绕向相反，对差模信号的阻抗为零，对共模信号能产生很大的阻抗。

② C_{d1}、L_d 和 C_{d2} 构成的低通滤波器则用来抑制差模干扰信号。

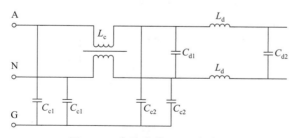

图 5-39　交流进线 EMI 滤波器

2. 启动浪涌电流抑制电路

① 开启电源时，由于给滤波电容 C_1 和 C_2 充电，会产生很大的浪涌电流，其大小取决于启动时的交流电压的相位和输入滤波器的阻抗。

② 抑制启动浪涌电流最简单的办法，是在整流桥的直流侧和滤波电容之间串联具有负温度系数的热敏电阻。

③ 启动时电阻处于冷态，呈现较大的电阻，从而可抑制启动电流。

④ 启动后，电阻温度升高，阻值降低，以保证电源具有较高的效率。

由于电阻在工作过程中具有损耗，降低了电源效率，因此，该方法只适合小功率电源。对于大功率电路，将热敏电阻换成了普通电阻，同时在电阻两端并联晶闸管开关，电源启动时晶闸管开关关断，由电阻限制启动浪涌电流。当滤波器的充电过程完成后，触发晶体管，使之导通，从而达到短路限流电阻的目的。

3. 输出整流电路

① 高频隔离变压器的输出为高频交流电压，要获得直流电压，必须具有整流电路。

② 小功率电源通常采用半波整流电路，而对于大功率电源则采用全波或桥式整流滤波电路。输出高频整流电路所采用的整流二极管必须为快恢复二极管。整流后再通过高频 LC 滤波器，则可获得所需的直流电压。

4. 控制电路

① 控制电路是开关电源的核心，它决定开关电源的动稳特性。

② 该开关电源采用双闭环控制方式，电压环为外环控制，电流环为内环控制。

输出电压的反馈信号 U_{OF} 与电压给定信号 U_{OG} 相减，其信号误差经 PI 调节器后形成电感电流感应信号，再与电感电流反馈信号 I_{OF} 相减得电流误差信号，经 PI 调节器后送入 PWM 控制器 SG3525，然后和控制器内部三角形波比较，形成 PWM 信号。该 PMW 信号再通过驱动电路驱动主电路 IGBT。如果输出电压因种种原因降低，即反馈电压 U_{OF} 小于给定电压，则电压调节器、误差放大器输出电压升高，即电感电流给定信号增大，又导致电流调节器的输出电压增大，使得 PWM 信号的占空比增大，最后达到所需的输出电压，即增大电感电流可增大输出电压。

5. PWM 控制器 SG3525

SG3525 系列开关电源集成电路，是美国硅通公司设计的第二代 PWM 控制器，工作性能好，外部元件少，适用于各种开关电源。图 5-40 所示为 SG3525 的内部结构，其引脚功能如下：

① 误差放大器反相输入端；

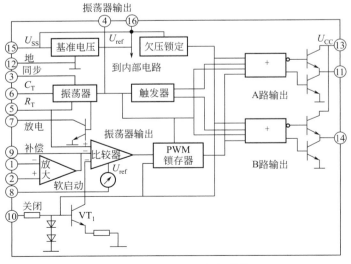

图 5-40　SG3525 的内部结构

② 误差放大器同相输入端；

③ 同步信号输入端，同步脉冲的频率应比振荡器频 f_s 要低一些；

④ 振荡器输出；

⑤ 振荡器外接定时电阻 R_T 端，值为 $2\sim150k\Omega$；

⑥ 振荡器外接电容 C_T 端，振荡器频率为 $f_s=1/C_T(0.7R_T+3R_o)$，其中 R_o 为 5 脚与 7 脚之间跨接的电阻，用来调节死区时间，定时电容范围为 $0.001\sim0.1\mu F$；

⑦ 振荡器放电端，外接软启动器来控制死区时间，电阻范围为 $0\sim500\Omega$；

⑧ 软启动端，外接软启动器，该电容由内部 U_{ref} 的 $50\mu A$ 恒流源充电；

⑨ 误差放大区的输出端；

⑩ PWM 信号封锁端，当该脚为高电平时，输出驱动脉冲信号被封锁，起到故障保护作用；

⑪ A 路驱动信号输出；

⑫ 接地；

⑬ 接输出级电压；

⑭ B 路驱动信号输出；

⑮ 电源范围应为 $8\sim35V$；

⑯ 内部 $+5V$ 基准电压输出。

6. IGBT 驱动电路

① 驱动电路采用驱动模块 M57962L。

② 该驱动模块为混合集成电路，将 IGBT 的驱动和过流保护集于一体，驱动电压为 600V 和 1200V 系列电流容量不大于 400A 的 IGBT。驱动电路的接线图如图 5-41 所示。

③ 输入 PWM 信号 U_{in} 与输出 PWM 信号 U_g 彼此隔离。当 U_{in} 为高电平时，输出 U_g 也为高电平，此时 IGBT 导通。当 U_{in} 为低电压时，输出 U_g 为 $-10V$，IGBT 截止。

④ 该驱动模块通过实时检测集电极电位来判断 IGBT 是否发生过流故障。

⑤ 当 IGBT 导通时，如果驱动模块的引脚 1 电位高于其内部基准值，则其引脚 8 输出为低电平。

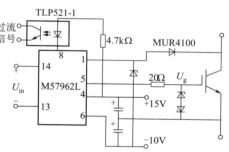

图 5-41 IGBT 驱动电路

⑥ 通过光电耦合器发出过流信号，使输出信号 U_g 变为 $-10V$，关断 IGBT。

【任务实施】

以直流斩波电路为例进行调试。

一、任务说明

1. 所需仪器设备

① DJDK-1 型电力电子技术及电机控制实验装置（含 DJK01 电源控制屏、DJK09 单相调压与可调负载、DJK20 直流斩波电路、D42 三相可调电阻）1 套。

② 慢扫描双踪示波器 1 台或数字存储示波器 1 台。

③ 螺钉旋具 1 把。

④ 指针式万用表1块。

⑤ 导线若干。

2. 测试前准备

① 课前预习相关知识。

② 清点相关材料、仪器和设备。

③ 用指针式万用表测试开关管、过压过流保护等器件的好坏。

④ 填写任务单测试前准备部分。

3. 操作步骤及注意事项

（1）控制电路与驱动电路的调试

① 启动电源，开启 DJK20 控制电路电源开关。

② 调节 PWM 脉宽调节电位器改变调节电压，用慢扫描双踪示波器分别检测 SG3525 的第 11 脚与第 14 脚的波形，观测输出 PWM 信号的变化情况并记录。

③ 用慢扫描双踪示波器分别观测 A、B 和 PWM 信号的波形，并将波形、频率和幅值记录下来。

④ 用慢扫描双踪示波器的两个探头同时观测 11 脚和 14 脚的输出波形，调节 PWM 脉宽调节电位器，观测两路输出的 PWM 信号，测出两路信号的相位差，并记录数据。

（2）直流斩波电路输入直流电源测试

① 接线　输入电源接线如图 5-42 所示。斩波电路的输入直流电压由三相调压器输出的单相交流电，经 DJK20 挂箱上的单相桥式整流及电容滤波后得到。DJK20 的交流电源接 DJK09 的单相自耦调压器输出，DJK09 的单相自耦调压器输入接交流电源。

② 调试　先将自耦调压器逆时钟旋到最小，然后慢慢增大自耦调压器输出电压，观察电压表的示数，使输出直流电压不大于 50V，并记录数据。

（3）直流斩波电路的测试

① 切断电源，由 DJK20 上的主电路图，利用面板上的元器件连接好相应的斩波线路，并接上电阻负载，负载电流最大值限制在 200mA 以内。将控制电路与驱动电路的输出"V-G""V-E"分别接到 V 的 G 和 E 端。

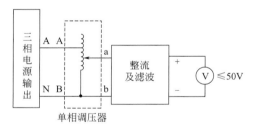

图 5-42　直流斩波电路输入直流电源接线

② 检查接线，注意电解电容的极性是否接反，再接通主电路和控制电路的电源。

③ 用慢扫描双踪示波器观测 PWM 信号的波形、U_{GE} 的电压波形及输出电压 U_o 及二极管两端电压 U_D 的波形，并观察各波形间的相位关系。

④ 调节 PWM 脉宽调节电位器改变电压，观测并记录在不同占空比时输入电压、输出电压数值。

4. 任务实施标准

序号	内容	配分	等级	评分细则	得分
1	接线	5	5	接线错误 1 根扣 2 分	
2	示波器使用	15	15	使用错误 1 次扣 5 分	
3	输入直流电压的接线与测试	15	5	接线错误 1 个扣 5 分	
			10	通电前调压器旋钮没在最小值扣 10 分,电压超过 50V 本次操作不合格	

续表

序号	内容	配分	等级	评分细则	得分
4	直流斩波电路接线与测试	45	15	降压斩波电路接线和测试。接线错误 1 处扣 5 分,过程错误 1 处扣 5 分,参数记录每缺 1 项扣 2 分	
			15	升压斩波电路接线和测试。接线错误 1 处扣 5 分,过程错误 1 处扣 5 分,参数记录每缺 1 项扣 2 分	
			15	升降压斩波电路接线和测试。接线错误 1 处扣 5 分,过程错误 1 处扣 5 分,参数记录每缺 1 项扣 2 分	
5	操作规范	10	10	违反操作规程 1 次扣 10 分,元件损坏 1 个扣 10 分,烧保险 1 次扣 5 分	
6	现场整理	10	10	经提示后能将现场整理干净扣 5 分;不合格,本项 0 分	
				合　　计	

二、任务结束

任务结束后,**请确认电源已经断开**,整理清扫场地。

三、任务思考

1. 总结各种斩波电路的特点。

2. 如图 5-31 (a) 所示的电路,$U=220V$,$R=10\Omega$,当要求 $U_o=400V$ 时,占空比 k 为_____。

3. 如图 5-32 (a) 所示的电路,$U=50V$,$R=30\Omega$,L、C 足够大,采用脉宽控制方式,当 $T=40$,$T_{ON}=25$,则输出电压平均值 U_o 为_____,输出电流平均值 I_o 为_____。

4. 升降压斩波电路的优点为_____。

 **项目总结**

本项目主要实施的任务是开关管的保护电路、软启动电路、软开关技术的典型电路,通过项目操作完成了开关管的保护电路的设计,掌握软开关技术等现代控制技术,为后续学习电源控制技术的设计及制作奠定了基础。

 项目提升 开关电源的软启动电路

一、开关电源的保护电路

1. 过电压保护电路

① 电路构成　过电压保护是一种对输出端子间过大电压进行负载保护的功能,通常采用稳压管,如图 5-43 所示。

② 工作原理　当输出电压超过设定的最大值时,稳压管击穿导通,使晶闸管导通,电源停止工作,起到过电压保护作用。

2. 过电流保护电路

① 电路构成　过电流保护是一种电源负载保护功能,以避免发生包括输出端子上短路在内的过负载输出电流对电源和负载的损

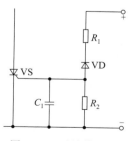

图 5-43　开关管的过电压保护电路

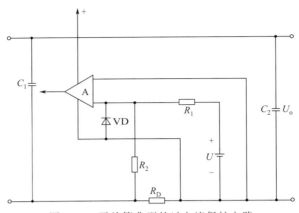

图 5-44 开关管典型的过电流保护电路

害。图 5-44 所示为典型的过电流保护电路。

② 工作原理 电路中，电阻 R_1 和 R_2 对 U 进行分压，电阻 R_2 上分得的电压为 U_{R_2}，负载电流 I_o 在检测电阻 R_D 上产生的电压 $U_{R_D} = R_D I_o$，电压 U_{R_D} 和 U_{R_2} 进行比较，如果 $U_{R_D} > U_{R_2}$，A 输出控制信号，使脉宽变窄，输出电压下降，从而使输出电流减小。

二、软启动电路

① 电路构成 开关电源的输入电路一般采用整流和电容滤波电路。

② 工作原理 输入电源未接通时，滤波电容器上的初始电压为零。在输入电源接通的瞬间，滤波电容器快速充电，产生一个很大的冲击电流。在大功率开关电源中，输入滤波电容器的容量很大，冲击电流可达 100A 以上，如此大的冲击电流会造成电网电闸的跳闸或者击穿整流二极管。为抑制损坏设备，在开关电源的输入电路中增加软启动电路，防止冲击电流的产生，保证电源正常地进入工作状态。

三、软开关技术

电力电子器件的导通与关断之间的转换，是各类电力电子变换技术和控制技术的关键。如果电力电子装置中的开关器件在其端电压不为零时开通，在其电流不为零时关断，会给开关器件带来很大的损耗。器件开关频率越大，则损耗也更大，这不仅降低了变换器的效率，而且严重的发热会导致开关器件温度超过极限值升温，影响开关器件的寿命。同时在开关过程中，还会引起电路分布电感和寄生电容的振荡，带来附加损耗并产生电磁干扰，因而电力电子装置中硬开关的频率不能太高，还要采取防止电磁干扰的措施。

软开关的提出是基于电力电子装置的发展趋势，新型的电力电子设备要求小型、轻量、高效和良好的电磁兼容性，而决定设备体积、质量、效率的因素通常又取决于滤波电感、电容和变压器设备的体积和质量。解决这一问题的主要途径，就是提高电路的工作频率，这样可以减少滤波电感、变压器的匝数和铁芯尺寸，同时较小的电容容量也可以使得电容的体积减小。但是，提高电路工作频率会引起开关损耗和电磁干扰的增加，开关的转换效率也会下降。

1. 软开关的概念

（1）硬开关与软开关

硬开关在开关转换过程中，由于电压、电流均不为零，出现了电压、电流的重叠，导致开关转换损耗的产生；同时由于电压和电流的变化过快，也会使波形出现明显得过冲，产生开关噪声。具有这样开关过程的开关被称为硬开关。开关转换损耗随着开关频率的提高而增加，使电路效率下降，最终阻碍开关频率的进一步提高。

如果在原有硬开关电路的基础上增加一个很小的电感、电容等谐振元件，构成辅助网络，在开关过程前后引入谐振过程，使开关开通前电压先降为零，就可以消除开通过程中电压、电流重叠的现象，降低甚至消除开关损耗和开关噪声，这种电路称为软开关电路。具有这样开关过程的开关称为软开关。

（2）零电压开关与零电流开关

通常采用两种方法解决硬开通和硬关断问题，即在开关关断前使其电流为零，则开关关断时就不会产生损耗和噪声，这种关断方式称为零电流关断。或在开关开通前使其电压为零，则开关开通时也不会产生损耗和噪声，这种开通方式称为零电压开通。通常，不再指出开通或关断，仅称零电流开关和零电压开关。零电流关断或零电压开通要靠电路中的辅助谐振电路来实现，故称为谐振软开关。

2. 软开关电路

根据电路中主要的开关元件是零电压开通还是零电流关断，可以将软开关电路分成零电压电路和零电流电路两大类。

根据软开关技术发展的历程，可以将软开关电路分成准谐振电路、零开关 PWM 电路和零转换 PWM 电路。

由于每一种软开关电路都可以用于降压型、升压型等不同电路，因此可以用如图 5-45 所示基本开关单元来表示。实际使用时，可以从基本开关单元导出具体电路，开关和二极管的方向应根据电流的方向做相应调整。

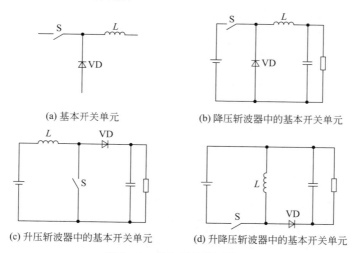

(a) 基本开关单元　　　　　　　　(b) 降压斩波器中的基本开关单元

(c) 升压斩波器中的基本开关单元　　(d) 升降压斩波器中的基本开关单元

图 5-45　基本开关单元代表

（1）准谐振电路

这是初期的软开关电路，准谐振电路可以分为：

① 零电压开关准谐振电路，如图 5-46（a）所示；

② 零电流开关准谐振电路，如图 5-46（b）所示；

③ 零电压开关多谐振电路，如图 5-46（c）所示；

④ 用于逆变器的谐振直流环节电路，如图 5-46（d）所示。

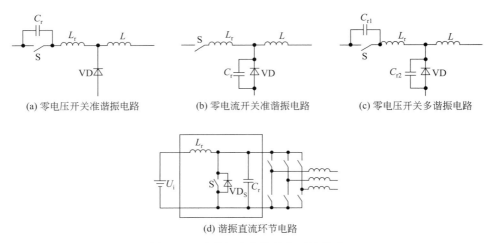

图 5-46　准谐振电路的基本开关单元

准谐振电路中电压或电流的波形为正弦波，故称为准谐振。它能使电路的开关损耗和开关噪声都大大下降。由于谐振电压峰值很高，需要器件耐压必须提高。谐振电流的有效值很大，电路中存在大量的无功功率的交换，造成电路导通损耗加大。

（2）零开关 PWM 电路

这类电路中引入了辅助开关来控制谐振的开始时刻，使谐振仅发生于开关过零前后。零开关 PWM 电路可以分为：

① 零电压开关 PWM 电路，如图 5-47（a）所示；

② 零电流开关 PWM 电路，如图 5-47（b）所示。

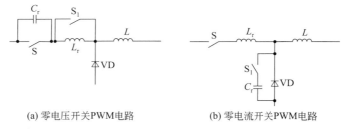

图 5-47　零开关 PWM 电路的基本开关单元

（3）零转换 PWM 电路

这类软开关电路还是采用辅助开关控制谐振的开始时刻，不同的是，谐振电路是与主开关并联的，因此输入电压和负载电流对电路的谐振过程的影响很小，电路在很宽的输入电压范围内，并从零负载到满载都能工作在软开关状态。而且电路中无功功率的交换被削减到最

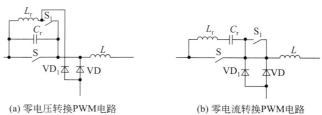

图 5-48　零转换 PWM 电路的基本开关单元

小，这使得电路效率有了进一步提高。零转换 PWM 电路可以分为：

  ① 零电压转换 PWM 电路，如图 5-48（a）所示；

  ② 零电流转换 PWM 电路，如图 5-48（b）所示。

实战一　GTO、MOSFET、GTR、IGBT 驱动与保护电路的维调

一、实战目的

① 会用 MF47 型指针式万用表检测 GTO、MOSFET、GTR、IGBT 的好坏。

② 会用 MF47 型指针式万用表检测 GTO、MOSFET、GTR、IGBT 的质量。

二、实战器材

MF47 型指针式万用表、GTO、MOSFET、GTR、IGBT。

三、实战内容

① MF47 型指针式万用表的使用。

② 用 MF47 型指针式万用表检测 GTO、MOSFET、GTR、IGBT。

a. GTO、MOSFET、GTR、IGBT 的管脚检测。

b. GTO、MOSFET、GTR、IGBT 的质量检测。

四、实战考核标准

考核内容	配分	考核评分标准		扣分	得分
MF47 型指针式万用表的使用	30	1. 使用前的准备工作没进行 2. 读数不正确 3. 操作错误 4. 由于操作不当导致万用表损坏	扣 5 分 扣 15 分 每处扣 5 分 扣 20 分		
检测 GTO、MOSFET、GTR、IGBT 的质量	70	1. 使用前的准备工作没进行 2. 检测挡位不正确 3. 操作错误 4. 由于操作不当导致器件损坏	扣 5 分 扣 15 分 每处扣 5 分 扣 30 分		
安全文明生产		违反安全生产规程视现场具体违规情况扣分			
实战总分					

实战二　直流斩波电路的维调

一、实战目的

① 会用 MF47 型指针式万用表测试 SCR 的质量。

② 用慢速扫描双踪示波器检测直流斩波电路的故障、波形，并进行调试。

二、实战器材

MF47 型指针式万用表、慢速扫描双踪示波器的使用、直流斩波电路。

三、实战内容

① MF47 型指针式万用表的使用。

② 慢速扫描双踪示波器的使用。

③ 直流斩波电路接线与测试。

四、实战考核标准

考核内容	配分	考核评分标准		扣分	得分
慢速扫描双踪示波器的使用	30	1. 使用前的准备工作没进行 2. 读数不正确 3. 操作错误 4. 由于操作不当导致万用表损坏	扣 5 分 扣 15 分 每处扣 5 分 扣 20 分		
直流斩波电路接线与测试	70	1. 使用前的准备工作没进行 2. 检测挡位不正确 3. 操作错误 4. 由于操作不当导致器件损坏	扣 5 分 扣 15 分 每处扣 5 分 扣 30 分		
安全文明生产		违反安全生产规程视现场具体违规情况扣分			
实战总分					

五、实践互动

注意：完成以下实践互动，需要先扫描下方二维码下载项目五实践互动资源。

① 双向晶闸管电极的判定。

② 双向晶闸管好坏测试。

③ 双向晶闸管构成的单相交流调压电路调试。

④ 新能源 Power MOSFET 测试。

项目五　实践
互动资源

项目六

变频器电路的设计及维调

项目引领

变频调速已被公认为是最有发展前途的调速方式之一。采用变频器构成变频调速传动系统，可以提高劳动生产率、提高设备自动化程度及改善生活环境等。用户可以根据自己的实际需求选择不同类型的变频器。正确选择变频器对于传动控制系统的正常运行非常关键。

项目目标

① 熟悉变频器的特性。

② 掌握交-交变频和交-直-交变频电路的工作原理。

③ 掌握脉宽调制变频电路的工作原理。

④ 通过本项目变频器电路的设计及维调，锻炼集体意识和团队合作精神，并使其具备良好的生态文明素质。

▶ 任务一 变频器电路的设计

【任务分析】

通过完成本任务，使学生熟悉变频器的结构，掌握变频器相关电路的工作原理和设计计算等知识。

【知识链接】

变频是指将一种频率的电源变换为另一种频率的电源。依据变频的过程可分为两大类：一类为交-交变频，它将 50Hz 的工频交流电直接变换成其他频率的交流电，一般输出频率均小于工频频率，这是一种直接变频的方式；另一类为交-直-交变频，它将 50Hz 的交流电先经整流变换为直流电，再由直流电变换为所需频率的交流电。

一、交-交变频电路

交-交变频电路是把一种频率的交流电能直接变换成另外一种频率或可变频率的交流电能，属于直接变频电路。与交-直-交变流器构成的间接变频电路相比，交-交变频电路由于没有中间直流环节，只经过一次能量变换，电能损耗小，因此其变换效率较高。

由于交-交变频电路主要用于大功率、电压较高的应用场合，并且可以采用自然换流方式，因而通常由相位控制的晶闸管构成。交-交变频电路的基本工作原理是通过正、负两组整流电路反并联构成主电路，采用相位控制方式并按一定规律改变触发延迟角，从而得到交流输出电压，同时正、负两组整流电路按输出周期循环换组整流，从而得到交流输出电流。通过改变整流触发延迟角的变化幅度及频率，可以得到电压、频率均可调的交流输出。由交-交变频电路构成的变频器，有时也称为周变频器或循环变频器。

交-交变频电路可按不同分类方法分为多种类型：按输入电源相数可分为单相与三相电路；按输出相数可分为单相输出与三相输出电路；按其工作形式可分为有环流运行方式及无环流运行方式。在三相交-交变频电路中，也可按整流单元的形式分为三相零式电路与三相桥式电路两种类型。除上述基本类型外，还有三倍倍频电路、负载换流倍频电路、矩阵式交-交变频电路等。

（一）单相交-交变频电路

1. 电路结构和工作原理

单相交-交变频电路的电路图及输出电压波形如图 6-1 所示。电路由两组反并联的晶闸管变换器构成，和直流可逆调速系统用的四象限变换器完全一样，两者的工作原理也非常相似。在直流可逆调速系统中，让两组变换器分别工作，就可以输出极性可变的直流电。在交-交变频电路中，让两组变换器按一定频率交替工作，就可以向负载输出该频率的交流电。改变两组变换器的切换频率，就可以改变输出频率。改变变换器工作时的触发延迟角 α，就可以改变变换器输出电压的幅值。根据触发延迟角 α 变化方式的不同，可分为方波型交-交变频电路和正弦波型交-交变频电路。

单相交-交变频电路
调试

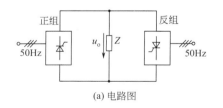

(a) 电路图

(b) 方波型输出电压波形

图 6-1　单相交-交变频电路

（1）方波型交-交变频电路

方波型交-交变频电路如图 6-1（a）所示，图中负载 Z 由正组与反组晶闸管整流电路轮流供电，各组所供电压的高低由触发延迟角 α 控制。当正组供电时，Z 上获得正向电压；当反组供电时，Z 上获得负向电压。

如果在各组工作期间 α 不变，则输出电压 u_o 为矩形波交流电压，如图 6-1（b）所示。改变正反组切换频率，可以调节输出交流电的频率，而改变其大小可调节矩形波的幅值，从而调节输出交流电压 u_o 的大小。

（2）正弦波型交-交变频电路

正弦波型交-交变频电路与方波型交-交变频电路相同，但正弦波型交-交变频电路可以输出平均值按正弦规律变化的电压，克服了方波型交-交变频电路输出波形高次谐波成分大的缺点，故它比前一种变频电路更为实用。

① 输出正弦波形的获得方法　在正组桥整流工作时，使触发延迟角 α 由大到小再变大，如 $\pi/2 \rightarrow 0 \rightarrow \pi/2$，必然引起输出的平均电压由低到高再到低的变化，如图6-2所示。交-交变频电路的输出电压并不是平滑的正弦波形，而是由若干段电源电压拼接而成的。在输出电压的一个周期内，所包含的电源电压段数越多，其波形就越接近正弦波，图6-2中的虚线表示的是输出电压的平均值。在反组工作的半个周期内采用同样的控制方法，就可以得到负半波接近正弦波的输出电压。

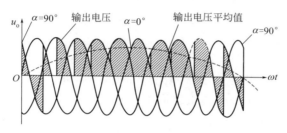

图6-2　正弦型交-交变频电路输出电压

电源电压的一个周期内，输出电压将由6段电源电压组成。如采用三相半波电路，则电源电压一个周期内输出的电压只由3段电源相电压组成，波形变差，因此很少使用。同样也可以采用单相整流电路，但这时波形更差，故一般不采用。

② 交-交变频电路的调制方法　要使输出的电压波形接近正弦波，即使输出电压平均值的变化规律成为正弦型，通常采用的方法是余弦交点法。

2. 无环流控制及有环流控制

前面的分析都是基于无环流工作方式进行的。为保证负载电流反向时无环流，系统必须留有一定的死区时间，这就使得输出电压的波形畸变增大。为了减小死区的影响，应在确保无环流的前提下尽量缩短死区时间。另外，在负载电流发生断续时，相同 α 角时的输出电压被抬高，这也造成输出波形的畸变，需采取一定措施对其进行补偿。电流死区和电流断续的影响限制了输出频率的提高。

交-交变频电路也可以采用有环流控制方式。这种方式和直流可逆调速系统中的有环流方式类似，在正、反两组变换器之间设置环流电抗器。运行时，两组变换器都施加触发脉冲，并且使正组触发延迟角 α_1 和反组触发延迟角 α_2 保持 $\alpha_1 + \alpha_2 = 180°$ 的关系。由于两组变换器之间流过环流，可以避免出现电流断续现象并可消除电流死区，从而使变频电路的输出特性得以改善，还可提高输出上限频率。

有环流控制方式可以提高变频器的性能，在控制上也比无环流方式简单。但是，在两组变换器之间要设置环流电抗器，变压器二次侧一般也需双绕组，因此使设备成本增加。另外，在运行时，**有环流方式全控的输出功率比无环流方式略有增加，使效率有所降低**。因此，**目前应用较多的还是无环流方式**。

（二）三相交-交变频电路

交-交变频电路主要用于交流调速系统中，因此实际使用的主要是三相交-交变频电路。三相交-交变频电路是由三组输出电压相位互差120°的单相交-交变频电路组成的。

三相交-交变频电路
调试

1. 电路的接线方式

三相交-交变频电路主要有两种接线方式，即公共交流母线进线方式的三相交-交变频电路和三相交-交变频电路的输出 Y 形连接方式。

（1）公共交流母线进线方式

公共交流母线进线方式的三相交-交变频电路如图6-3所示，它由三组彼此独立的、输出电压相位相差120°的单相交-交变频电路组成，电源进线通过电抗器接在公共的交流母线上。因为电源进线端公用，所以三组单相变频电路的输出端必须隔离。为此，交流电动机的三个绕组必须拆开，共引出6根线。**公共交流母线进线方式的三相交-交变频电路主要用于中等容量的交流调速系统。**

（2）输出 Y 形连接方式

输出 Y 形连接方式的三相交-交变频电路图如图6-4所示。三组单相交-交变频电路的输出端 Y 形连接，交流电动机的三个绕组也是 Y 形连接，交流电动机的中性点不和变频电路的中性点接在一起，交流电动机只引出三根线即可。图6-4为三组单相交-交变频电路连接在一起，其电源进线就必须隔离，所以**三组单相交-交变频电路分别用三个变压器供电。**

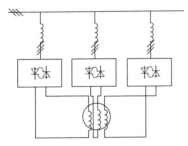

图 6-3 公共交流母线进线方式

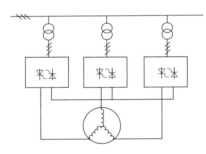

图 6-4 输出 Y 形连接方式

由于变频电路输出端中性点不和负载中性点相连接，所以在构成三相变频电路的6组桥式电路中，至少要有不同输出相的两组桥中的4个晶闸管同时导通才能构成回路，从而形成电流。因此要求同一组桥内的两个晶闸管靠双脉冲保证同时导通，两组桥之间靠足够的脉冲宽度来保证同时有触发脉冲。每组桥内各晶闸管触发脉冲的间隔约为60°，如果每个脉冲的宽度大于30°，那么无脉冲的间隔时间一定小于30°。这样，尽管两组桥脉冲之间的相对位置是任意变化的，但在每个脉冲持续的时间里，总会在其前部或后部与另一组桥的脉冲重合，使4个晶闸管同时有脉冲，形成导通回路。

2. 交-交变频电路的特点

① 只用一次变流，且使用电网换相，提高了变流效率。

② 和交-直-交电压型逆变器相比，可以方便地实现四象限工作。

③ 低频时输出波形接近正弦波。

④ 接线复杂，使用的晶闸管较多，由三相桥式变流电路组成的三相交-交变频器至少需要**36个晶闸管。**

⑤ 受电网频率和变流电路脉波数的限制，输出频率较低。

⑥ 采用相控方式，功率因数较低。

二、交-直-交变频电路

单相交直交变频
电路的仿真

交-直-交变频电路是先将恒压恒频的交流电通过整流器变成直流电，再经过逆变器将直流电变换成可控交流电的间接型变频电路，它已被广泛地应用在交流电动机的变频调速中。

在交流电动机的变频调速控制中，为了保持额定磁通基本不变，在调节定子频率的同时必须同时改变定子的电压，因此，必须配备变压变频装置。最早的变压变频装置是旋转变频机组，现在大部分使用静止式电力电子变压变频装置。静止式的变压变频装置统称为变频器，它的核心部分就是变频电路。交-直-交变频器主电路的结构框图如图 6-5 所示。

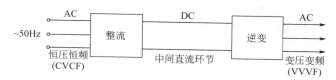

图 6-5 交-直-交变频器结构框图

按照控制方式的不同，交-直-交变频器可分成三种，如图 6-6 所示。

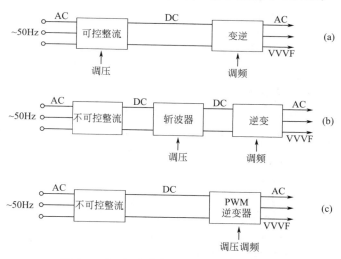

图 6-6 交-直-交变频电路的不同控制方式

图 6-6（a）采用的是可控整流器调压、逆变器调频的控制方式。显然，在这种装置中，调压和调频在两个环节上分别进行，两者要在控制电路上协调配合，其结构简单，控制方便。但是，由于输入环节采用晶闸管可控整流器，当电压调得较低时，电网端功率因数较低。而输出环节多用由晶闸管组成的三相六拍逆变器，每周换相 6 次，输出的谐波较大。这些都是这类装置的主要缺点。

图 6-6（b）采用的是不可控整流器整流、斩波器调压、逆变器调频的控制方式。在这种装置中，整流环节采用二极管不可控整流器，只整流不调压，再单独设置斩波器，用脉宽调压。这样虽然多了一个环节，但调压时输入功率因数不变，克服了图 6-6（a）装置的第一个缺点。输出逆变环节未变，仍有谐波较大的问题。

图 6-6（c）采用的是不可控整流器整流、脉宽调制（PWM）逆变器同时调压调频的控制方式。在这种装置中，用不可控整流，则输入功率因数不变；用 PWM 逆变，则输出谐波可以减小。这样，图 6-6（a）装置的两个缺点都消除了。PWM 逆变器需要全控型电力半导体器件，其输出谐波减少的程度取决于 PWM 的开关频率，而开关频率则受器件开关时间的限制。采用绝缘栅双极型晶体管 IGBT 时，开关频率可达 10kHz 以上，输出波形已经非常逼近正弦波，因而又称之为 SPWM 逆变器，成为当前最有发展前途的一种装置形式。

根据中间直流环节采用滤波器的不同，变频器又分为电压型和电流型，如图 6-7 所示。其中，U_d 为整流器的输出电压平均值。

在交-直-交变频器中，当中间直流环节采用大电容滤波时，直流电压波形比较平直，在理想情况下是一个内阻抗为零的恒压源，输出交流电压是矩形波或阶梯波，这种变频器叫作电压型变频器。当交-直-交变频器的中间直流环节采用大电感滤波时，直流电流波形比较平直，因而电源内阻抗很大，对负载来说基本上是一个电流源，输出交流电流是矩形波或阶梯波，这种变频器叫作电流型变频器，如图 6-7（b）所示。可见，变频器的这种分类方式和逆变器是一致的。所不同的是在交-直-交变频器中，逆变器的供电电源 E 现在是整流器的输出 U_d。

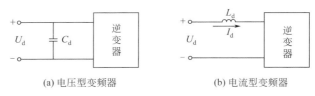

(a) 电压型变频器   (b) 电流型变频器

图 6-7　电压型和电流型变频器

下面给出两种典型的交-直-交变频器主电路，即交-直-交变频电路。

（一）交-直-交电压型变频电路

图 6-8 所示为一种常用的交-直-交电压型 PWM 变频电路。它采用二极管构成整流器，完成交流到直流的变换，其输出直流电压 U_d 是不可控的；中间直流环节用大电容 C_d 滤波；电力晶体管 $VT_1 \sim VT_6$ 构成 PWM 逆变器，完成直流到交流的变换，并能实现输出频率和电压的同时调节，$VD_1 \sim VD_6$ 是电压型逆变器所需的反馈二极管。

交-直-交变频电路
（电压型）

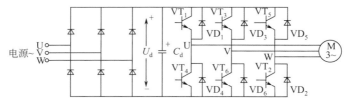

图 6-8　交-直-交电压型 PWM 变频电路

从图中可以看出，由于整流电路输出的电压和电流极性都不能改变，因此该电路只能从交流电源向中间直流电路传输功率，进而再向交流电动机传输功率，而不能从直流中间电路向交流电源反馈能量。当负载电动机由电动状态转入制动运行时，电动机变为发电状态，其能量通过逆变电路中的反馈二极管流入直流中间电路，使直流电压升高而产生过电压，这种过电压称为泵升电压。为了限制泵升电压，如图 6-9 所示，可给直流侧电容并联一个由电力晶体管 VT 和能耗电阻 R_0 组成的泵升电压限制电路。当泵升电压超过一定数值时，使 VT 导通，把电动机反馈的能量消耗在 R_0 上。这种电路可运用于对制动时间有一定要求的调速系统中。

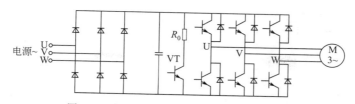

图 6-9 带有泵升电压限制电路的变频电路

在要求电动机频繁快速加减速的场合，上述带有泵升电压限制电路的变频电路耗能较多，能耗电阻 R_0 也需较大的功率。因此，希望在制动时把电动机的动能反馈回电网。这时，需要增加一套有源逆变电路，以实现再生制动。

（二）交-直-交电流型变频电路

图 6-10 所示为一种常用的交-直-交电流型变频电路。其中，整流器采用晶闸管构成的可控整流电路，完成交流到直流的变换，输出可控的直流电压 U_d，实现调压功能；中间直流环节用大电感 L_d 滤波；逆变器采用晶闸管构成的串联二极管式电流型逆变电路，完成直流到交流的变换，并实现输出频率的调节。

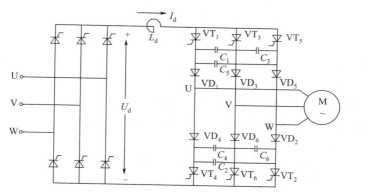

交-直-交变频电路
（电流型）

图 6-10 交-直-交电流型变频电路

由图 6-10 可以看出，电力电子器件的单向导电性，使得电流 I_d 不能反向，而中间直流环节采用的大电感滤波，保证了 I_d 的不变，但可控整流器的输出电压 U_d 是可以迅速反向的。因此，电流型变频电路很容易实现能量回馈。图 6-11 所示为电流型变频调速系统的电动运行和回馈制动两种运行状态。其中：UR 为晶闸管可控整流器，UI 为电流型逆变器。当可控整流器 UR 工作在整流状态（$\alpha<90°$），逆变器工作在逆变状态时，电机在电动状态下运行，如图 6-11（a）所示。这时，直流回路电压 U_d 的极性为上正下负，电流由 U_d 的正端流入逆变器，电能由交流电网经变频器传送给电机，变频器的输出频率 $\omega_1>\omega$，电机处于电动状态。此时如果降低变频器的输出频率，或从机械上抬高电机转速 ω，使 $\omega_1<\omega$，同时使可控整流器的控制角 $\alpha>90°$，则异步电机进入发电状态，且直流回路电压 U_d 立即反向，而电流 I_d 方向不变［图 6-11（b）］，于是，逆变器 UI 变成整流器，而可控整流器 UR 转入有源逆变状态，电能由电机回馈给交流电网。

图 6-12 所示为一种交-直-交电流型 PWM 变频电路，负载为三相异步电机。逆变器为采用 GTO 作为功率开关器件的电流型 PWM 逆变电路，图中，GTO 用的是反向导电型器件，因此，给每个 GTO 串联了二极管以承受反向电压。逆变电路输出端的电容 C 是为吸收 GTO 关断时所产生的过电压而设置的，它也可以对输出的 PWM 电流波形起滤波作用。整

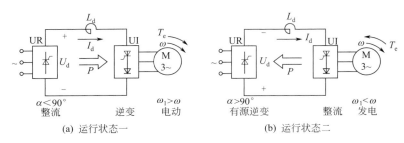

图 6-11 电流型变频调速系统的两种运行状态

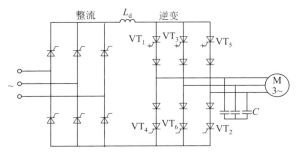

图 6-12 交-直-交电流型 PWM 变频电路

流电路采用晶闸管而不是二极管，这样在负载电机需要制动时，可以使整流部分工作在有源逆变状态，把电机的机械能反馈给交流电网，从而实现快速制动。

从主电路上看，电压型变频器和电流型变频器的区别仅在于中间直流环节滤波器的形式不同，但是这样一来，却造成两类变频器在性能上相当大的差异，主要表现以下三方面。

（1）无功能量的缓冲

对于变频调速系统来说，变频器的负载是异步电机，属感性负载，在中间直流环节与电机之间，除了有功功率的传送外，还存在无功功率的交换。逆变器中的电力电子开关器件无法储能，无功能量只能靠直流环节中作为滤波器的储能元件来缓冲，使它不致影响到交流电网。因此也可以说，**两类变频器的主要区别在于用什么储能元件（电容器或电抗器）来缓冲无功能量。**

（2）回馈制动

根据对交-直-交电压型与电流型变频电路的分析可知，**用电流型变频器给异步电机供电的变频调速系统，其显著特点是容易实现回馈制动**，如图 6-11 所示，从而便于四象限运行，适用于需要制动和经常正、反转的机械。与此相反，采用电压型变频器的变频调速系统要实现回馈制动和四象限运行却比较困难，因为其中间直流环节有大电容钳制着电压，使之不能迅速反向，而电流也不能反向，所以在原装置上无法实现回馈制动。必须制动时，只好采用在直流环节中并联电阻的能耗制动，如图 6-9 所示，或者与整流器反向可控整流器工作在有源逆变状态，以通过反向的制动电流而维持电压极性不变，实现回馈制动。

（3）适用范围

电压型变频器属于恒压源，电压控制响应慢，所以适用于作为多台电机同步运行时的供电电源但不要求快速加减速的场合。电流型变频器则相反，由于滤波电感的作用，系统对负载变化的反应迟缓，不适用于多电机传动，而更适合于一台变频器给一台电机供电的单电机传动，但可以满足快速启制动和可逆运行的要求。

【任务实施】

这里以三相桥式有源逆变电路为例。

一、任务说明

1. 所需仪器设备

① DJK-1 型电力电子技术及电机控制实验装置（含 DJK01 电源控制屏、DJK02 三相变流桥路、DJK04 滑线变阻器、DJK06 给定、负载及吸收电路、DJK10 变压器实验）1 套。

② 慢扫描示波器 1 台。

③ 螺钉旋具 1 把。

④ 指针式万用表 1 块。

⑤ 导线若干。

2. 测试前准备

① 课前预习相关知识。

② 清点相关材料、仪器和设备。

③ 用指针式万用表测试晶闸管、过压过流保护等器件的好坏。

④ 填写任务单测试前准备部分。

3. 操作步骤及注意事项

① 打开 DJK01 总电源开关，操作"电源控制屏"上的"三相电网电压指示"开关，观察输入的三相电网电压是否平衡。

② 将 DJK01 "电源控制屏"上"调速电源选择开关"拨至"直流调速"侧。

③ 打开 DJK02 电源开关，拨动"触发脉冲指示"钮子开关，使"窄"发光管亮。

④ 观察 A、B、C 三相的锯齿波，并调节 A、B、C 三相锯齿波斜率调节电位器（在各观测孔左侧），使三相锯齿波斜率尽可能一致。

⑤ 将 DJK06 上的"给定"输出 U_g 直接与 DJK02 上的移相控制电压 U_{ct} 相连，将给定开关 S_2 拨到接地位置（即 $U_{ct}=0$ 时），调节 DJK02 上的偏移电压电位器，用双踪示波器观察 A 相锯齿波和"双脉冲观察孔" VT_1 的输出波形，使 $\alpha=150°$。

⑥ 适当增加给定 U_g 的正电压输出，观测 DJK02 上"触发脉冲观察孔"的波形，此时应观测到双窄脉冲。

⑦ 将 DJK02 面板上的 U_{lf} 端接地，将"正桥触发脉冲"的 6 个开关拨至"通"，观察正桥 $VT_1 \sim VT_6$ 晶闸管门极和阴极之间的触发脉冲是否正常。

⑧ 将 DJK06 上的"给定"输出调到零（逆时针旋到底），使滑线变阻器放在最大阻值处，按下"启动"按钮，调节给定电位器，增加移相电压，使 β 角在 $30° \sim 90°$ 范围内调节，同时，根据需要不断调整负载电阻 R，使得电流 I_d 保持在 0.6A 左右（注意 I_d 不得超过 0.65A）。用示波器观察并记录 $\beta=30°$、$60°$、$90°$ 时的电压 U_d 和晶闸管两端电压 U_{VT} 的波形，并记录相应的 U_d 数值。

二、任务结束

操作结束后，拆除接线，整理操作台、断电，清扫场地。

三、任务思考

1. 逆变器有哪些类型？其最基本的应用领域有哪些？
2. 什么是电压型逆变电路和电流型逆变电路？各有什么特点？

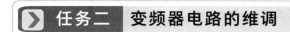

任务二　变频器电路的维调

●●●【任务分析】●●●●●●●●●●●●●●●●●●●●●●●●●●●●●●●●●●●●●●●

通过完成变频器电路的维调任务，使学生熟悉变频器电路的工作原理，并在电路的维调过程中，培养职业素养。

●●●【知识链接】●●●●●●●●●●●●●●●●●●●●●●●●●●●●●●●●●●●●●●●

脉宽调制型变频电路简称 PWM 变频电路，常采用电压源型交-直-交变频电路的形式，其基本原理是控制变频电路开关元件的导通和关断时间比（即调节脉冲宽度）来控制交流电压的大小和频率。

一、单相桥式 PWM 变频电路

图 6-13 所示为单相桥式变频电路的主电路，由三相桥式整流电路获得一个恒定的直流电压，由 4 个全控型大功率晶体管 $VT_1 \sim VT_4$ 作为开关元件，二极管 $VD_1 \sim VD_4$ 是续流二极管，为无功能量反馈到直流电源提供通路。

脉宽调制型
变频电路

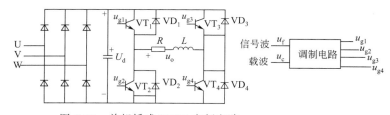

图 6-13　单相桥式 PWM 变频电路

当改变 VT_1、VT_2、VT_3、VT_4 导通时间的长短和导通的顺序时，可得出如图 6-14 所示不同的电压波形。图 6-14（a）所示为 180°导通型输出方波电压波形，即 VT_1、VT_4 组和 VT_2、VT_3 组各导通 $T/2$ 的时间。

若在正半周内，控制 VT_1、VT_4 和 VT_2、VT_3 轮流导通（同理，在负半周内控制 VT_2、VT_3 和 VT_1、VT_4 轮流导通），则在 VT_1、VT_4 和 VT_2、VT_3 分别导通时，负载上获得正、负电压；在 VT_1、VT_3 和 VT_2、VT_4 导通时，负载上所得电压为 0，如图 6-14（b）所示。

若在正半周内，控制 VT_1、VT_4 导通和关断多次，每次导通和关断时间分别相等（负半周则控制 VT_2、VT_3 导通和关断），负载上得到图 6-14（c）所示的电压波形。

若将以上这些波形分解成傅氏级数，可以看出，其中谐波成分均较大。

图 6-14（d）所示波形是一组脉冲列，其规律是：每个输出矩形波电压下的面积接近于所对应的正弦波电压下的面积。这种波形被称为脉宽调制波形，即 PWM 波。由于它的脉冲

宽度接近于正弦规律变化，故又被称为正弦脉宽调制波形，即 SPWM。

根据采样控制理论，**脉冲频率越高，SPWM 波形便越接近于正弦波**。变频电路的输出电压为 SPWM 波形时，其低次谐波得到很好的抑制和消除，高次谐波又很容易滤除，从而可获得畸变率极低的正弦波输出电压。

由图 6-14（d）可以看出，在输出波形的正半周，VT_1、VT_4 导通时有输出电压，VT_1、VT_3 导通时输出电压为 0，因此，改变半个周期内 VT_1、VT_4 和 VT_2、VT_3 导通关断的时间比，即脉冲的宽度，便可实现对输出电压幅值的调节（调节半个周期内 VT_2、VT_3 和 VT_1、VT_4 导通关断的时间比）。因为 VT_1、VT_4 导通时输出正半周电压，VT_2、VT_3 导通时输出负半周电压，所以可以通过改变 VT_1、VT_4 和 VT_2、VT_3 交替导通的时间来实现对输出电压频率的调节。

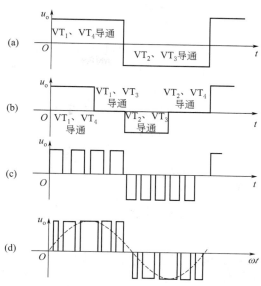

图 6-14 单相桥式变频电路的几种输出波形

PWM 控制方式就是对变频电路开关器件的通断进行控制，使主电路输出端得到一系列幅值相等而宽度不相等的脉冲，用这些脉冲来代替正弦波或者其他所需要的波形。从理论上来说，在给出了正弦波频率、幅值和半个周期内的脉冲数后，脉冲波形的宽度和间隔便可以准确计算出来；然后按照计算的结果控制电路中开关器件的通断，就可以得到所需要的波形。但在实际应用中，人们常采用正弦波与等腰三角波相交的办法来确定各矩形脉冲的宽度和个数。

等腰三角波上下宽度与高度呈线性关系且左右对称，当它与任何一个光滑曲线相交时，就可得到一组等幅而脉冲宽度正比该曲线函数值的矩形脉冲，这种方法称为调制方法。**希望输出的信号为调制信号，用 u_r 表示；把接受调制的三角波称为载波，用 u_c 表示。** 当调制信号是正弦波时，所得到的便是 SPWM 波形，如图 6-15 所示。当调制信号不是正弦波时，也能得到与调制信号等效的 PWM 波形。

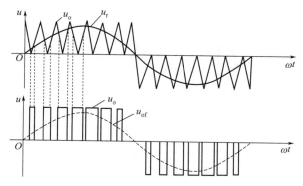

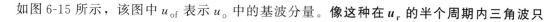

单相桥式单极性 PWM 逆变电路的仿真

图 6-15 单极性 PWM 控制方式

如图 6-15 所示，该图中 u_{of} 表示 u_o 中的基波分量。像这种在 u_r 的半个周期内三角波只在一个方向变化，所得到的 PWM 波形也只在一个方向变化的控制方式称为**单极性 PWM 控制方式。**

调节调制信号 u_r 的幅值可以使输出调制脉冲宽度做相应变化，这能改变变频电路输出电压的基波幅值，从而可实现对输出电压的平滑调节；改变调制信号 u_r 的频率可以改变输出电压的频率，即可实现电压、频率的同时调节。所以，从调节的角度来看，SPWM 变频电路非常适用于交流变频调速系统中。

与单极性 PWM 控制方式对应，另外一种 PWM 控制方式称为双极性 PWM 控制方式。其频率信号还是三角波，基准信号是正弦波时，**它与单极性正弦波脉宽调制的不同之处在于它们的极性随时间不断地呈正、负变化，不需要如上述单极性调制那样加倒向控制信号。**

单相桥式变频电路采用双极性控制方式时的 PWM 波形如图 6-16 所示，各晶体管控制规律如下。

单相桥式双极性
PWM 逆变电路的
仿真

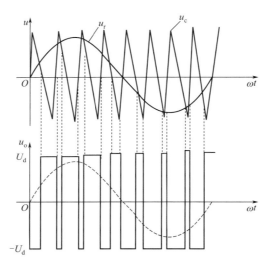

图 6-16　双极性 PWM 控制方式原理图

在 u_r 的正负半周内，对各晶体管控制规律与单极性控制方式相同。同样，在调制信号 u_r 和载波信号 u_c 的交点时刻控制各开关器件的通断。当 $u_r > u_c$ 时，使晶体管 VT_1、VT_4 导通，VT_2、VT_3 关断，此时 $u_o = U_d$；当 $u_r < u_c$ 时，使晶体管 VT_2、VT_3 导通，VT_1、VT_4 关断，此时 $u_o = -U_d$。

在双极性控制方式中，三角载波在正、负两个方向上发生变化，所得到的 PWM 波形也在正、负两个方向变化，在 u_r 的一个周期内，PWM 输出只有 $\pm U_d$ 两种电平，变频电路同一相上、下两臂的驱动信号是互补的。在实际应用时，为了防止上、下两个桥臂同时导通而造成短路，给一个臂的开关器件加关断信号，必须延迟 Δt 时间再给另一个臂的开关器件施加导通信号，即有一段 4 个晶体管都关断的时间。延迟时间 Δt 的长短取决于功率开关器件的关断时间。需要指出的是，这个延迟时间将会给输出的 PWM 波形带来不利影响，使输出偏离正弦波。

二、三相桥式 PWM 变频电路

图 6-17 所示为电压型三相桥式 PWM 变频电路，其控制方式为双极性方式。U、V、W

三相的 PWM 控制共用一个三角波信号 u_c，三相调制信号 u_{rU}、u_{rV}、u_{rW} 分别为三相正弦波信号，三相调制信号的幅值和频率均相等，相位依次相差 $120°$。U、V、W 三相的 PWM 控制规律相同。现以 U 相为例，当 $u_{rU} > u_c$ 时，使 VT_1 导通，VT_4 关断；当 $u_{rU} < u_c$ 时，使 VT_1 关断，VT_4 导通。VT_1、VT_4 的驱动信号始终互补。三相正弦波脉宽调制波形如图 6-18 所示。由图可以看出，任何时刻始终都有两相调制信号电压大于载波信号电压，即总有两个晶体管处于导通状态，所以负载上的电压是连续的正弦波。其余两相的控制规律与 U 相相同。

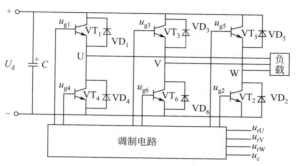

图 6-17　三相桥式 PWM 变频电路

单相和三相 PWM
变频电路

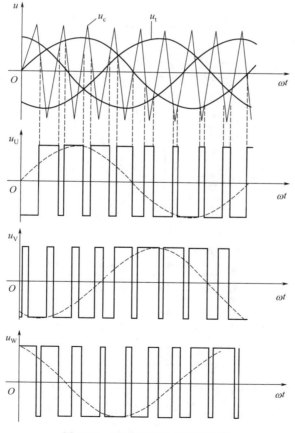

图 6-18　三相双极性 PWM 波形

三、专用大规模集成电路芯片形成 SPWM 波

HEF4725 是全数字化的生成三相 SPWM 波的集成电路。这种芯片既可以用于有换流电路的三相晶闸管变频电路，也可用于由全控型开关器件构成的变频电路。对于后者，可输出三相对称的 SPWM 波控制信号，调频范围为 0～200Hz。由于它生成的 SPWM 波最大开关频率比较低，一般在 1kHz 以下，所以较适用于以 BJT 或 GTO 为开关器件的变频电路，而不适用于 IGBT 变频电路。

HEF4725 采用标准的 28 脚双列直插式封装，芯片用 5V（有的 10V）电源，可提供 3组相位互差 120° 的互补输出 SPWM 控制脉冲，以供驱动变频电路的 6 个功率开关器件产生对称的三相输出。当用晶闸管时，需附加产生 3 对互补换流脉冲，用以控制换流电路中的辅助晶闸管。

它的内部逻辑框图和引脚图如图 6-19 所示。它由 3 个计数器、1 个译码器、3 个输出口和 1 个试验电路组成。3 个输出口分别对应于变频电路的 R、Y、B（相当于 U、V、W）三相，每个输出口包括主开关元件输出端（M1、M2）和换流辅助开关元件输出端（C1、C2）两组信号。换流辅助开关信号是为晶闸管逆变器设置的。由控制输入端 I 选择晶体管/晶闸管方式。当 I 置高电平时，为晶闸管工作方式，主输出为占空比 1:3 的触发脉冲串，换流输出为单脉冲；当 I 置低电平时，为晶体管工作方式，驱动晶体管变频电路输出波形是双边

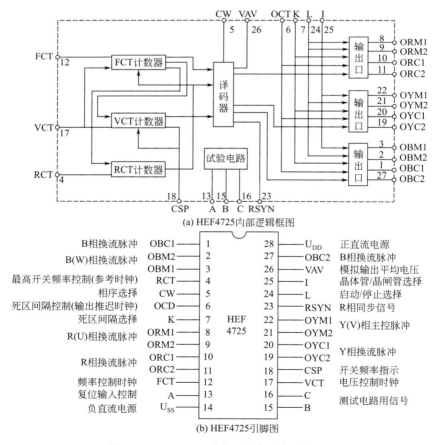

(a) HEF4725内部逻辑框图

(b) HEF4725引脚图

图 6-19　HEF4725 内部逻辑框图与引脚图

缘调制的脉宽调制波。为减小低频谐波影响，在低频时适当提高开关频率与输出频率的比值，即载波比，采用多载波比分段自动切换方式，分为 8 段，载波比分别为 15、21、30、42、60、84、120、168。这种方式不但调制频率范围广，而且可与输出电压同步。

变频电路输出由以下 4 个时钟输入来进行控制。

1. 频率控制时钟（FCT）

它用来控制变频电路的输出频率，一般由线性压控振荡器提供，计算方法为

$$f_{FCT} = 3360 f_{OUT}$$

式中，f_{OUT} 为变频电路输出频率，Hz。

2. 电压控制时钟（VCT）

它用以控制变频电路的基波电压，即脉冲宽度，计算式为

$$f_{VCT(NOM)} = 6720 f_{OUT}$$

式中，$f_{VCT(NOM)}$ 为 f_{VCT} 的标称值。当取此值时，输出电压和输出频率间将保持线性关系，直到输出频率达到临界值 $f_{OUT(M)}$。$f_{OUT(M)}$ 为 100% 调制时的输出频率，当 $f_{OUT} < f_{OUT(M)}$ 时，经调制后的 PWM 波形有正弦函数关系。

3. 参考时钟（RCT）

它用来设置变频电路最大开关频率，是一个固定不变的时钟，计算式为

$$f_{RCT} = 280 f_{T,max}$$

式中，$f_{T,max}$ 为变频电路最大开关频率，Hz。

4. 输出推迟时钟（OCT）

为了防止同一桥臂中的上、下开关元件在开关转换过程中同时导通而发生电源短路，必须设置延迟时间（死区时间）。OCT 与控制输入端 K 一同用于控制功率开关元件互锁推迟时间 T_d。确定 T_d 值后，可按下式确定 f_{OCT}：

$$f_{OCT} = \begin{cases} \dfrac{8}{T_d} & （K 置低电平）\\[2mm] \dfrac{16}{T_d} & （K 置高电平）\end{cases}$$

显然，OCT 的时钟频率在一个系统中可以取为恒值。

HEF4725 还有几个控制输入和辅助信号端，分别介绍如下。

L 端用来控制启动/停止。当 L 为低电平时表示停止，高电平时解除封锁而启动。在晶体管方式下，L 端可封锁全部主输出和换流输出，但内部电路始终继续运行；在晶闸管方式下，只封锁变频桥中 3 个上部开关元件的触发信号。L 除能够控制启/停电路外，还可方便地用于过电流保护。

CW 为相序控制端。当 CW 为低电平时，按 R、B、Y（U、V、W）相序运行；当 CW 为高电平时，则相序相反。

A、B、C 端是在元件生产时做试验用的，正常运行时不使用，但这三端必须与 U_{SS}（零电平）连接。A 端置高电平初始化整个 IC 芯片，被用作复位信号。

RSYN 是一个脉冲输出端；其频率等于 f_{OUT}，脉宽等于 VCT 时钟的脉宽，主要为触发示波器扫描提供一个稳定的参考信号。

VAV 为模拟变频电路输出线电压值的信号，即当有电压输出时，有信号输出，供测量使用。

变频电路开关输出 CSP 是一个脉冲串，不受 L 状态的影响，用以指示变频电路开关频率值，其频率为变频电路开关频率的 2 倍。

变频器的调试

SPWM 变频电路的优点：

① 可以得到接近正弦波的输出电压，满足负载需要；

② 整流电路采用二极管整流，可获得较高的功率因数；

③ 只用一级可控的功率调节环节，电路结构简单；

④ 通过对输出脉冲的宽度控制就可以改变输出电压的大小，大幅度加快了变频电路的动态响应速度。

【任务实施】

这里以三相正弦波脉宽调制 SPWM 变频电路为例。

一、任务说明

1. 所需仪器设备

① DJDK-1 型电力电子技术及电机控制实验装置（含 DJK01 电源控制屏、DJK13 三相异步电机变频调速控制）1 套。

② 慢扫描示波器 1 台。

③ 螺钉旋具 1 把。

④ 指针式万用表 1 块。

⑤ 导线若干。

2. 测试前准备

① 课前预习相关知识。

② 清点相关材料、仪器和设备。

③ 用指针式万用表测试晶闸管、过压过流保护等器件的好坏。

④ 填写任务单测试前准备部分。

3. 操作步骤及注意事项

① 接通挂件电源，关闭电机开关，调制方式设定在 SPWM 方式下（将控制部分 S、V、P 的三个端子都悬空），然后开启电源开关。

② 点动"增速"按键，将频率设定在 0.5Hz，在 SPWM 部分观测三相正弦波信号（在测试点"2、3、4"），观测三角载波信号（在测试点"5"）、三相 SPWM 调制信号（在测试点"6、7、8"）；再点动"转向"按键，改变转动方向，观测上述各信号的相位关系变化。

③ 逐步升高频率，直至到达 50Hz 处，重复以上的步骤。

④ 将频率在 0.5～60Hz 的范围内改变，在测试点"2、3、4"中观测正弦波信号的频率和幅值的关系。

二、任务结束

任务结束后，**请确认电源已经断开**，整理清扫场地。

三、任务思考

1. 如何实现 PWM 的控制？

2. 试说明 SPWM 变频电路的优点。

3. 正弦脉冲宽度调制控制方式中的单极性调制和双极性调制有何不同？

4. 正弦脉宽调制中，调制信号和载波信号常用什么波形？

项目总结

本项目主要实施的任务是变频器电路的设计与维调，通过项目操作完成了交-交变频电路、交-直-交变频电路和 PWM 变频电路的学习工作，为今后从事变频器相关的设计及维调工作奠定了一定的基础。

项目实战

实战　三相桥式有源逆变电路的维调

一、实战目的

① 加深理解三相桥式有源逆变电路的工作原理。

② 当触发电路出现故障（人为模拟）时观测主电路的各电压波形。

二、实战器材

指针式万用表、DJK-1 型电力电子技术及电机控制实验装置和慢扫描示波器等。

三、实战内容

① 指针式万用表、慢扫描示波器的使用。

② 测试晶闸管输出的波形，三相桥式有源逆变电路的维调。

四、实战考核标准

测评内容	配分	评分标准		扣分	得分
指针式万用表、慢扫描示波器的使用	30	1. 使用前的准备工作没进行 2. 读数不正确 3. 操作错误 4. 由于操作不当导致仪表损坏	扣 5 分 扣 15 分 每处扣 5 分 扣 20 分		
测试晶闸管输出的波形，三相桥式有源逆变电路的维调	70	1. 使用前的准备工作没进行 2. 检测挡位不正确 3. 操作错误 4. 由于操作不当导致元器件损坏	扣 5 分 扣 15 分 每处扣 5 分 扣 30 分		
安全文明操作		违反安全生产规程视现场具体违规情况扣分			
实战总分					

五、实践互动

注意：完成以下实践互动，需要先扫描下方二维码下载项目六实践互动资源。

① 变频器的应用。

② 三相交流电动机的点动及连续运行变频调速控制。

③ 自动恒压供水控制。

项目六　实践
互动资源

参考文献

[1] 黄冬梅，马卫民. 电力电子技术. 北京：化学工业出版社， 2017.
[2] 徐立娟. 电力电子技术. 2 版. 北京：人民邮电出版社， 2014.
[3] 张静之. 电力电子技术. 2 版. 北京：机械工业出版社， 2016.
[4] 冯玉生. 电力电子变流装置典型应用实例. 北京：机械工业出版社， 2008.
[5] 龙志文. 电力电子技术. 2 版. 北京：机械工业出版社， 2016.
[6] 黄家善，王廷才. 电力电子技术. 北京：机械工业出版社， 2007.
[7] 王兆安，黄俊. 电力电子技术. 4 版. 北京：机械工业出版社， 2000.
[8] 高玉奎. 电力电子技术问答. 北京：中国电力出版社， 2004.
[9] 莫正康. 半导体变流技术. 2 版. 北京：机械工业出版社， 1997.
[10] 陈坚. 电力电子学—电力电子变换和控制技术. 北京：高等教育出版社， 2002.
[11] 吴小华，李玉忍，杨军. 电力电子技术典型题解析及自测试题. 西安：西北工业大学出版社， 2003.
[12] 张立. 现代电力电子技术基础. 北京：高等教育出版社， 1999.
[13] 电气技师手册编委会. 电气技师手册. 福州：福建科学技术出版社， 2004.
[14] 徐立娟，张莹. 电力电子技术. 北京：人民邮电出版社， 2010.
[15] 王兆安，刘进军. 电力电子技术. 北京：机械工业出版社， 2012.
[16] 张静之，刘建华. 电力电子技术. 北京：机械工业出版社， 2010.
[17] 李序葆，赵永键. 电力电子器件及其应用. 北京：机械工业出版社， 2003.
[18] 王兆安，张明勋. 电力电子设备设计和应用手册. 北京：机械工业出版社， 2002.
[19] 吴忠智，吴加林. 变频器应用手册. 北京：西安机械工业出版社， 1998.
[20] 杨振江，雷光纯. 新颖实用电子设计与制作. 西安：西安电子科技大学出版社，2006.
[21] 方大千，方懿. 电子及晶闸管实用技术. 北京：化学工业出版社， 2016 .